农作物遥感调查
与农业主要灾害监测

王 猛 等 著

中国农业科学技术出版社

图书在版编目(CIP)数据

农作物遥感调查与农业主要灾害监测 / 王猛等著. 北京：中国农业科学技术出版社，2025.5. --ISBN 978-7-5116-7404-3

Ⅰ.S127；S42

中国国家版本馆 CIP 数据核字第 2025GE4015 号

责任编辑	白姗姗
责任校对	李向荣
责任印制	姜义伟　王思文

出 版 者	中国农业科学技术出版社
	北京市中关村南大街 12 号　　邮编：100081
电　　话	(010) 82106638 (编辑室)　　(010) 82106624 (发行部)
	(010) 82109709 (读者服务部)
网　　址	https://castp.caas.cn
经 销 者	各地新华书店
印 刷 者	北京建宏印刷有限公司
开　　本	170 mm×240 mm　1/16
印　　张	9.5
字　　数	165 千字
版　　次	2025 年 5 月第 1 版　2025 年 5 月第 1 次印刷
定　　价	60.00 元

◀━━ 版权所有·翻印必究 ━━▶

《农作物遥感调查与农业主要灾害监测》
著者名单

主　著：王　猛

副主著：王　菲

参著人员（按姓氏笔画排序）：

张卓然　高　瑞　韩冬锐

前　言

遥感技术（Remote Sensing）是通过非接触的方式从远处获取地球表面信息的一门科学技术。它主要依赖传感器捕捉和分析地球表面反射、辐射或发射的电磁波，包括可见光、热红外和微波等波段。遥感技术在环境监测、灾害响应、城市规划、资源调查、农业灾害监测等多个领域有着广泛应用。随着人工智能、大数据、光电技术和航天技术的不断发展，遥感技术正在进入一个快速、及时提供多种对地观测海量数据的新阶段及应用研究的新领域，对地观测数据的极大丰富，为遥感理论研究和应用领域的扩展提供了重要的数据支持。

农业是以土地为基本生产资料，利用植物自身的光合作用和光、热、水等资源，从事生物生产的产业。农业生产具有分散性、地域性、季节性、周期性、灾害突发性等特点，这些特点是人们用传统技术手段难以掌握和控制的。随着社会的进步和科技的发展，以遥感技术为代表的空天信息技术已被广泛应用于农业生产。由于遥感技术具有大面积、高时效、快速、低成本等优势，将遥感技术应用于农业生产的各个方面，是及时掌握农业资源、农业灾害、作物长势等信息的最优手段，对农业生产的调查、评价、监测和管理具有优势作用。

近年来，在国家重点研发计划、国家自然科学基金、山东省自然科学基金、企业横向课题等项目的支持下，本研究紧紧围绕农业全产业链过程中数字化、智慧化需求，充分运用遥感、人工智能、大数据等现代信息技术理论和技术方法，聚焦农作物资源调查和农业主要灾害监测等方面，开展关键技术和系统集成创新研究，取得了较好的科研成果。本书基于相关研究经历及成果，经系统整理而成。全书共9章，第一章为概述，简要介绍遥感原理及方法、农业资源遥感调查进展及农业灾害遥感监测进展；第二章为农作物遥感调查，主要介绍农作物遥感调查的具体实施；第三章介绍一种基于地理信息服务平台的小麦种植面积变化监测方法；第四章介绍基于遥感影像二维特征空间的芦笋种植面积提取研究；第五章为农业主要灾害遥感监测，主要介绍农业主要灾害遥感监测与评估技术研究；第六章介绍农业干旱监测预警研究；第七章介绍农作物倒伏遥感监测研究；第八章介绍农业病虫害遥感监测预警研究；第九章相关研究展望。

  遥感技术在农业上的应用研究有待进一步发展，期待本书的问世，有助于引导读者对该领域进行深入研究，促进我国农业遥感应用的高质量发展。

  限于学识水平，书中内容和观点难免有不妥之处，欢迎读者不吝指正。

著 者

2025 年 3 月

目 录

第一章 概述 …………………………………………………… (1)
 第一节 农业资源遥感调查进展 ……………………………… (1)
 第二节 农业灾害遥感监测进展 ……………………………… (4)
 参考文献 ……………………………………………………… (7)

第二章 农作物遥感调查 …………………………………… (12)
 第一节 技术路线 ……………………………………………… (13)
 第二节 数据准备 ……………………………………………… (14)
 第三节 数据预处理 …………………………………………… (14)
 第四节 遥感图像解译 ………………………………………… (16)
 第五节 野外调查 ……………………………………………… (18)
 第六节 精度验证 ……………………………………………… (19)
 参考文献 ……………………………………………………… (20)

第三章 基于地理信息服务平台的小麦种植面积变化监测 ……… (22)
 第一节 研究背景 ……………………………………………… (22)
 第二节 材料准备 ……………………………………………… (24)
 第三节 研究方法与技术路线 ………………………………… (25)
 第四节 结果与分析 …………………………………………… (26)
 第五节 结论与讨论 …………………………………………… (29)
 参考文献 ……………………………………………………… (30)

第四章 基于遥感影像二维特征空间的芦笋种植面积提取研究 …… (33)
 第一节 研究背景 ……………………………………………… (33)
 第二节 材料准备 ……………………………………………… (34)
 第三节 研究方法与技术路线 ………………………………… (36)
 第四节 方法验证 ……………………………………………… (39)
 第五节 结论与讨论 …………………………………………… (40)
 参考文献 ……………………………………………………… (41)

第五章　农业主要灾害遥感监测 ……………………………… (45)
第一节　农业遥感灾害监测重点 ……………………………… (47)
第二节　技术路线 ……………………………………………… (48)
第三节　实施方案 ……………………………………………… (49)
参考文献 ………………………………………………………… (50)

第六章　农业干旱监测研究 ……………………………………… (53)
第一节　干旱的定义 …………………………………………… (53)
第二节　背景及意义 …………………………………………… (56)
第三节　研究现状分析 ………………………………………… (57)
第四节　冬小麦干旱遥感监测及预警研究 …………………… (66)
参考文献 ………………………………………………………… (70)

第七章　农作物倒伏遥感监测研究 ……………………………… (77)
第一节　农作物倒伏的相关概念、成因及危害 ……………… (77)
第二节　背景及意义 …………………………………………… (79)
第三节　研究现状分析 ………………………………………… (80)
第四节　基于地面样方调查的小麦倒伏遥感监测研究 ……… (86)
第五节　春玉米倒伏模拟试验和遥感监测的研究 …………… (93)
第六节　夏玉米倒伏模拟试验和遥感监测的研究 …………… (98)
参考文献 ………………………………………………………… (106)

第八章　农业病虫害遥感监测预警研究 ………………………… (114)
第一节　背景与意义 …………………………………………… (114)
第二节　国内外研究现状 ……………………………………… (115)
第三节　主要研究方向 ………………………………………… (120)
第四节　小麦条锈病遥感监测预警研究 ……………………… (122)
参考文献 ………………………………………………………… (134)

第九章　展　望 …………………………………………………… (140)

第一章 概 述

遥感技术是20世纪60年代兴起的利用传感器对地球表面进行观测和测量的技术，是根据电磁波的理论，应用各种传感仪器对远距离目标所辐射和反射的电磁波信息，进行收集、处理，并最后成像，从而对地面各种地物进行探测和识别的一种综合技术。可分为主动式遥感技术和被动式遥感技术，主动式遥感技术是通过向地表发射电磁波并测量其反射和散射来获取地表信息的技术，如合成孔径雷达（SAR）和激光雷达技术（LiDAR）；被动式遥感技术则是依靠自然光或太阳辐射来获取地表信息的技术，包括可见光、红外线、微波等波段。

遥感技术广泛用于军事侦察、国土测绘、海洋监视、气象观测、地球资源普查、植被分类、土地利用规划、农作物病虫害和作物产量调查、环境污染监测、地震监测等方面。在农业上，利用遥感技术可以进行农业资源调查、土地利用现状分析、农业病虫害监测、农作物估产等农业应用。遥感影像的红光波段和近红外波段的反射率及其组合与作物的叶面积指数、太阳光合有效辐射、生物量具有较好的相关性，通过卫星传感器记录的地球表面信息，辨别作物类型，建立不同条件下的产量预报模型，集成农学知识和遥感观测数据，可实现作物产量的遥感监测预报。

第一节 农业资源遥感调查进展

国外在早期的农作物遥感监测中，采用的数据源多数为单一来源，采用的分类方法主要是监督分类和非监督分类。1974年，美国采用Landsat MSS数据，对小麦产量进行了估算，结合地面样方小麦种植情况和部分高分辨率航空影像，提取了本土9个实验区小麦的种植面积，精度达到90%以上。1995年，15个欧盟国家利用地面调查数据和SPOT/HRV影像，对作物地块级种植类型进行估产。1992年，Murakami等根据SPOT/HRV影像提取出的NDVI，分析了其时间变化特征，首先识别出了日本

SAGA 平原的 6 种作物种植模式，又根据不同作物物候，监测了不同类型作物的空间分布，估算了作物种植面积。Turner（1998）利用 SPOT-XS 影像，综合应用非监督与监督分类方法，在非洲的半干旱地区进行水稻的提取，最终绘制了水稻分布图，且精度较为可靠。Doug（2000）利用多时相的 Landsat TM 影像数据，绘制了美国俄勒冈州西部一个盆地的农业及其相关土地覆盖类型图。

一、我国农业资源遥感调查早期的进展

1. 全国土地资源调查

1980—1983 年，在全国农业自然资源调查和农业区划委员会办公室的组织下，会同国家测绘局、林业部、农牧渔业部及有关的 46 个单位的科研人员，利用美国陆地卫星 MSS 数据进行全国土地资源调查，首次利用卫星数据进行了全国范围 15 个地类的土地利用现状调查，并按 1∶50 万比例尺成图，宏观地反映了我国土地资源的基本状况，填补了我国土地资源不清的空白。

2. 土壤侵蚀遥感调查

20 世纪 80 年代中期，科研人员利用美国陆地卫星资料对我国土壤侵蚀进行分区、分类、分级制图。各区制图比例尺不小于 1∶50 万，全国拼图后缩成 1∶100 万、1∶200 万、1∶250 万成果图，并制成 1∶400 万土壤侵蚀区划图。

3. 中国北方草原草畜动态平衡监测研究

1989—1993 年，在国家航天办公室的资助下，全国农业区划委员会办公室组织有关单位，利用遥感技术建立了我国北方草原草畜动态平衡监测业务化运行系统。

4. 全国耕地变化遥感监测

1993—1996 年，全国农业区划委员会办公室组织有关技术单位，利用美国陆地卫星图像连续 4 年开展了全国耕地变化遥感监测工作，其结果引起了中央有关部门的高度重视，为合理利用每寸土地、保护农业耕地提供了辅助决策依据。

5. 全国资源环境调查

"八五"期间全国农业区划委员会办公室、中国科学院资源环境科学

与技术局组织开展了"国家资源环境遥感宏观调查与动态研究",在1992—1995年的3年时间里完成了全国资源环境调查,建立了一个完整的资源环境数据库,较过去开展一项单项专题的全国资源环境调查需要5~10年的时间相比是一个很大进步。在项目实施中全部采用了20世纪90年代接收的最新陆地卫星TM图像作为主要的信息源,在大兴安岭、秦岭、横断山脉一线以东选用1:25万比例尺,此线以西采用1:50万比例尺,进行遥感图像判读、制图及数据库建立工作。

6. 我国北方四省十年土地开发综合评价

1997—1998年,全国农业区划委员会办公室组织有关单位,利用美国陆地卫星TM图像,对黑龙江、内蒙古、甘肃和新疆四省区,监测了近十年(1986—1996年)来的土地开发利用状况,并结合有关资料进行了综合评价。结果显示,我国北方地区土地利用类型变化幅度较大,土地利用结构不合理;草地退化严重;土地荒漠化趋势加剧,农业生态环境变坏的趋势日益严重;耕地开垦有一定的盲目性,新开垦的耕地基础设施不足。这一结果得到了中央领导的重视,为严格禁止毁林开荒、毁草种粮提供了政策依据。

7. 草地遥感监测和预警系统建设

该项目是农业部遥感应用中心于2000年设立并开展工作的。项目利用遥感技术、地理信息系统和全球定位系统等现代空间信息技术手段,建立技术先进、快速准确的中国草地退化和草畜动态平衡遥感监测系统。

二、我国农业资源遥感调查的持续发展

随着农业资源遥感调查研究在多方面不断深入拓展,近年来,农业资源遥感调查正朝着更高精度、更智能化、与多学科融合的方向持续发展,在保障农业可持续发展等方面发挥着越来越重要的作用。

1. 技术方法上的主要表现

多源数据融合技术发展:将光学遥感、雷达遥感、高光谱遥感等多种数据进行融合,充分发挥各数据源的优势,提高了对农业资源信息的获取精度和全面性。例如,在作物监测中,结合光学影像的高分辨率和雷达影像的穿透云雾能力,实现了在复杂天气条件下对作物长势的持续监测。

人工智能与遥感技术深度结合:深度学习算法如卷积神经网络

（CNN）等被广泛应用于遥感图像的解译和分析，能够自动识别农作物类型、病虫害特征、土壤肥力状况等，大大提高了调查效率和准确性。同时，机器学习算法也用于建立农业资源与遥感变量之间的复杂关系模型，实现更精准的资源估算和预测。

2. 业务化运行上的主要表现

国家和地方监测体系不断完善：许多国家和地区建立了常态化的农业资源遥感监测业务体系，定期发布农业资源状况报告和监测数据，为农业政策制定、粮食安全保障等提供了有力支撑。例如，中国气象局印发的《农业与生态气象卫星遥感应用工作方案（2022—2025年）》，提出要进一步建立小麦、玉米、水稻、大豆等主要农作物的遥感监测评估业务，实现作物长势动态监测及产量预测、国内主要大宗作物种植区提取与面积估算的业务化。

国际合作与数据共享日益加强：各国之间在农业资源遥感调查方面的合作不断增多，通过共享遥感数据、技术和经验，共同应对全球性的农业资源与环境问题。同时，国际组织和科研机构也积极推动农业遥感数据的开放共享，促进了全球农业遥感技术的发展和应用。

第二节　农业灾害遥感监测进展

近年来，农业灾害愈演愈烈，受灾面积与受灾程度越来越大。这也受到了国内外广大学者的关注，研究方法也越来越多。许多国家较早地开始研究遥感技术并已经应用到农业灾害监测中，以美国为主导，常见的旱涝风雹及病虫害灾害都有涉及。相比较而言，国内对遥感技术的研究起步落后于其他国家，应用在农业上更是少之又少，但中国遥感技术的发展是非常迅猛的，许多研究成果已经成功应用到各个相关领域。

干旱和洪涝灾害的危害一直影响着农业生产，为了解决这一问题，众多学者纷纷提出多种监测模型。农业灾害发生后会对地物光谱产生影响，波谱的变化特征为灾害监测提供了依据。针对土壤光谱发射特征变化进行研究，得出裸土湿度的增加会使土壤反射率降低，这也成为干旱灾害遥感监测的理论依据。国外学者以时间序列为基础，使用 MODIS 反射率产品，对柬埔寨和越南湄公河三角洲涝灾的时空变化特征进行分析及灾害监测。针对旱涝灾害监测，利用时间序列分维计算方式及 R/S 分析法对其进行理论研究。我国从1995年开始，开展了利用NOAA卫星等资料进行黄淮海平原地区旱灾监测的业务化运行工作；1999年，在全国农业区划委员会办公室的组织下，干旱监测从黄淮海平原地区扩展到全国冬小麦主产区。李海萍等以黄淮海平原地区为研究区，结合我国多年灾害数据，运用时间序列分析法，构建旱涝灾害监测模型（ARMA），并成功得以验证。张树誉等将植被、土壤等在MODIS数据中不同的光谱特征进行研究，找出了能够应对洪涝灾害监测的遥感数据处理方法，同时将其应用到2003年渭河涝灾监测中。为了找出玉米受涝灾时不同受灾等级的指标，以拔节期玉米为实验目标，对它们进行长时间灌水来模拟涝灾，同时结合不同灌水时间的节点对玉米冠层光谱发射率的变化影响进行分析，最终成功找出指标。

近年来，冬小麦冻害的监测手段愈发困难，主要因其发生的复杂性、不可预知性、受灾程度影响的严重性和全球极端气候的频繁出现。王慧芳等结合热红外数据和不同时相光学数据等，运用ArcGIS软件空间分析等功能，建立了更加科学有效的冬小麦冻灾定量评估模型。国内学者选取冬小麦发生病害前期的遥感影像数据成功地建立了针对作物产量的预测模型，同时利用TM影像对冬小麦白粉病和条锈病主要生长期的光谱变化进行分析，准确地计算出白粉病和条锈病对冬小麦病害的产量影响。将实测数据与冻灾后冬小麦反射光谱曲线特征作为输入量建模，分析得出冻害程度与它们内在的定量关系，通过植被指数差异可以判断冬小麦冻害状况。国外学者将遥感与地理信息系统相结合，通过提取作物反射率特征对澳大利亚雹灾进行了评估。很多学者结合多光谱遥感数据的覆盖范围广、时效性强等优势，成功地针对重大灾害遥感监测提出了一种合理化的体系。

目前，国内外研究学者已经在农业遥感领域做了大量的研究工作，并已取得了突破性进展，很多技术成果已经成功地应用到实践中。

1. 技术方法上的具体表现

多源数据融合技术发展：将光学遥感、雷达遥感、高光谱遥感等多种数据源进行融合，充分发挥各数据的优势，提高了灾害监测的精度和可靠性。如中国农业大学黄健熙团队利用哨兵1号卫星的雷达数据和其他多源数据，发展了区域尺度上无监督高斯混合模型洪涝作物受灾遥感监测方法，克服了传统方法的局限。

人工智能与机器学习应用深化：人工智能技术如深度学习、机器学习算法等在遥感图像解译、灾害特征提取和分类等方面得到广泛应用，实现了自动化和智能化的灾害监测。例如，中国科学院空天信息创新研究院黄文江团队发布的"慧眼"天空地植物病虫害智能监测预警系统，通过人工智能技术实现对植物病虫害的智能监测预警。

模型算法改进：不断改进和优化干旱、洪涝、低温冷害、高温热害等灾害的监测模型和算法，提高了监测的准确性和时效性。如基于地表水和能量平衡模型的干旱指数不断优化，能够更精准地监测农业干旱状况。

2. 监测内容上的具体表现

干旱从基于单一遥感数据源的简单干旱指数监测，发展到利用多源数据融合和复杂模型的综合干旱监测，能够更准确地反映土壤水分状况和干旱程度的时空变化。洪涝除了传统的光学遥感监测方法外，雷达遥感在洪涝监测中的应用日益成熟，能够实现对洪涝淹没范围、淹没深度和受灾作物的高精度监测，如同黄健熙教授团队的研究成果展示的一样。低温冷害和高温热害通过卫星遥感获取的地表温度、植被指数等数据，结合气象模型和作物生长模型，实现对低温冷害和高温热害的实时监测和预警，为农业生产提供及时的防范措施。病虫害灾害监测取得突破，利用高光谱遥感、无人机遥感等技术，能够获取作物病虫害发生初期的光谱特征变化，实现对病虫害的早期监测和预警。例如通过对作物叶片光谱反射率的分析，识别病虫害的种类和发生程度，为精准防治提供依据。

3. 应用系统和业务化上的具体表现

国家和地方监测系统建设逐步完善：中国气象局印发的《农业与生态气象卫星遥感应用工作方案（2022—2025年）》提出建设国省两级主要农业气象灾害遥感监测评估系统，实现对多种农业气象灾害的灾中监测及灾后影响评估。

国际合作与交流日益频繁：在全球范围内，各国之间开展了广泛的农业灾害遥感监测合作与交流。例如，中国科学院空天信息创新研究院的科研人员在全球红棕象甲早期遥感监测和损失评估方面做出了贡献，获得了联合国粮食及农业组织突出贡献奖，展示了中国在该领域的国际影响力。

参考文献

安秦，陈圣波，孙士超，2018. 基于多时相 MODIS-RVI 的玉米遥感估产研究 [J]. 地理空间信息（3）：14-16.

班松涛，2014. 县域农作物分类类型遥感识别与提取 [D]. 杨凌：西北农林科技大学.

陈晓苗，2010. 基于 MODIS-NDVI 的河北省主要农作物空间分布研究 [D]. 石家庄：河北师范大学.

陈仲新，任建强，唐华俊，等，2016. 农业遥感研究应用进展与展望 [J]. 遥感学报（5）：748-767.

邓绶林，刘文彰，1992. 地学辞典 [M]. 石家庄：河北教育出版社.

郭涛，颜安，耿洪伟，2020. 基于无人机影像的小麦株高与 LAI 预测研究 [J]. 麦类作物学报，40（9）：1129-1140.

廖小罕，周成虎，2016. 轻小型无人机遥感发展报告 [C]. 北京：科学出版社.

林文鹏，王长耀，2010. 大尺度作物遥感监测方法与应用 [M]. 北京：科学出版社.

刘海启，1999. 欧盟 MARS 计划简介与我国农业遥感应用思路 [J]. 中国农业资源与区划，20（3）：55-57.

史舟，梁宗正，杨媛媛，等，2015. 农业遥感研究现状与展望 [J]. 农业机械学报，46（2）：247-262.

孙家抦，2003. 遥感原理与应用 [M]. 武汉：武汉大学出版社.

孙九林，1996. 中国农作物遥感动态监测与估产总论 [M]. 北京：中国科学技术出版社.

唐华俊，2018. 农业遥感研究进展与展望 [J]. 农学学报（1）：175-179.

唐华俊，吴文斌，杨鹏，等，2010. 农作物空间格局遥感监测研究进展 [J]. 中国农业科学，43（14）：2879-2888.

童庆禧，2006. 高光谱遥感 [M]. 北京：高等教育出版社.

王纪华，赵春江，黄文江，等，2008. 农业定量遥感基础与应用 [M]. 北京：科学出版社.

王玉娜，李粉玲，王伟东，等，2020. 基于无人机高光谱的冬小麦氮素营养监测［J］. 农业工程学报（22）：31-39.

卫新东，王筛妮，员学锋，等，2018. 陕西省耕地质量时空变化特征及其分异规律［J］. 农业工程学报，34（3）：240-248.

吴炳方，2004. 中国农情遥感速报系统［J］. 遥感学报，8（6）：202-205.

肖乾广，周嗣松，陈维英，1986. 用气象卫星数据对冬小麦进行估产实验［J］. 环境遥感，1（4）：260-269.

杨晓军，2024. 无人机遥感技术在智慧农业中的应用研究进展［J］. 安徽农业科学，52（23）：11-15.

张峰，吴炳方，刘成林，等，2004. 区域作物生长过程的遥感提取方法［J］. 遥感学报，8（6）：515-528.

张秋霞，张合兵，刘文锴，等，2017. 高标准基本农田建设区域土壤重金属含量的高光谱反演［J］. 农业工程学报，33（12）：230-239.

张树文，薄立群，2000. 遥感图像生态土地分类法在农作物种植面积提取中的应用［J］. 地理科学，20（6）：569-572.

张玉贵，1996. 1996年巴黎SPOT国际会议情况简介［J］. 遥感信息（2）：39-43.

赵春江，2014. 农业遥感研究与应用进展［J］. 农业机械学报，45（12）：277-293.

赵英时，2013. 遥感应用分析原理与方法［C］. 北京：科学出版社.

周清波，2004. 国内外农情遥感现状与发展趋势［J］. 中国农业资源与区划，25（5）：9-14.

朱婉雪，李仕冀，张旭博，等，2018. 基于无人机遥感植被指数优选的田块尺度冬小麦估产［J］. 农业工程学报，34（11）：78-86.

ATZBERGER C, 2013. Advances in remote sensing of agriculture: context description, existing operational monitoring systems and major information needs［J］. Remote Sensing, 5: 949-981.

BEDDOW J M, PARDEY P G, CHAI Y, et al., 2015. Research investment implications of shifts in the global geography of wheat stripe rust［J］. Nature Plants, 1: 1-5.

BRAVO C, MOSHOU D, WEST J, et al., 2003. Early disease detection in wheat fields using spectral reflectance [J]. Biosystems Engineering, 84: 137-145.

CHEN T, ZHANG J, CHEN Y, et al., 2019. Detection of peanut leaf spots disease using canopy hyperspectral reflectance [J]. Computers and electronics in agriculture, 156: 677-683.

CHEN X, KANG Z, 2017. Stripe rust [C]. Berlin: Springer.

CHENG G, HAN J, 2016. A survey on object detection in optical remote sensing images [J]. ISPRS journal of photogrammetry and remote sensing, 117: 11-28.

DEERY D, JIMENEZ-BERNI J, JONES H, et al., 2014. Proximal Remote Sensing Buggies and Potential Applications for Field-Based Phenotyping [J]. Agronomy, 4 (3): 349-379.

DOUG R, et al., 2000. Land Cover Mapping in an Agricultural Setting Using Multi-seasonal Thematic Mapper Data [J]. Remote Sensing of Environment, 76: 139-155.

HU QIONG, WU WENBIN, XIANG MINGTAO, et al., 2018. Spatio-temporal changes in global cultivated land over 2000-2010 [J]. Scientia Agricultura Sinica, 51 (6): 1091-1105.

HUANG W, SHI Y, DONG Y, et al., 2019. Progress and prospects of crop diseases and pests monitoring by remote sensing [J]. Smart Agriculture, 1 (4): 1-11.

JANSSEN L L F, MIDDEKLOOP H, 1992. Knowledge-based crop classification of a Landsat Thematic Mapper image [J]. International Journal of Remote sensing, 13 (15): 2827-2837.

JIANG Z, CHEN Z, CHEN J, et al., 2014. The Estimation of Regional Crop Yield Using Ensemble-Based Four-Dimensional Variational Data Assimilation [J]. Remote Sensing, 6 (4): 2664-2681.

KOH J C O, HAYDEN M, DAETWYLER H, et al., 2019. Estimation of crop plant density at early mixed growth stages using UAV imagery [J]. Plant methods, 15 (1): 64.

MENDOZA F, DEJMEK P, AGUILERA J M, 2006. Calibrated col-

or measurements of agricultural foods using image analysis [J]. Post-harvest biology and technology, 41 (3): 285-295.

MURAKAMI T, OGAWA S, ISHITSUKA M, et al., 2001. Crop discrimination with multitemporal SPOT/ HRV data in the Saga Plains, Japan [J]. International Journal of Remote Sensing, 22 (7): 1335-1348.

OERKE E-C, 2020. Remote sensing of diseases [J]. Annual Review of Phytopathology, 58: 225-252.

RICHARD KIDD, GUIDO LEMOINE, 2000. Operational European Cereal Monitoring: Methodological Considerations [J]. Earth Observation Quarterly, 62: 13-16.

SHUAI G, MARTINEZ-FERIA R A, ZHANG J, et al., 2019. Capturing Maize Stand Heterogeneity Across Yield-Stability Zones Using Unmanned Aerial Vehicles (UAV) [J]. Sensors (Basel, Switzerland), 19 (20): 4446.

SINGH V, SHARMA N, SINGH S, 2020. A review of imaging techniques for plant disease detection [J]. Artificial Intelligence in Agriculture, 4 (4): 229-242.

TANG H, LI Z, 2014. Quantitative Remote Sensing in Thermal Infrared: Theory and Applications [M]. Berlin: Springer.

THENKABAIL PRASAD S, 2010. Global Croplands and their Importance for Water and Food Security in the Twenty-first Century: Towards an Ever Green Revolution that Combines a Second Green Revolution with a Blue Revolution [J]. Remote Sensing, 2 (9): 2305-2312.

TIEDE D, KRAFFT P, FÜREDER P, et al., 2017. Stratified Template Matching to Support Refugee Camp Analysis in OBIA Workflows [J]. Remote Sensing (Basel, Switzerland), 9 (4): 326.

TURNER M D, CONGALTON R G, 1998. Classification of Multi temporal SPOT-XS Satellite Data for mapping rice Fields on a West African flood plain [J]. International Journal of Remote Sensing, 19 (1): 21-41.

VERGARA-DÍAZ O, ZAMAN-ALLAH M A, MASUKA B, et al., 2016. A Novel Remote Sensing Approach for Prediction of Maize Yield

Under Different Conditions of Nitrogen Fertilization [J]. Frontiers in Plant Science, 7: 666.

YOUSFI S, KELLAS N, SAIDI L, et al., 2016. Comparative performance of remote sensing methods in assessing wheat performance under Mediterranean conditions [J]. Agricultural Water Management, 164: 137 - 147.

ZAMAN-ALLAH M, VERGARA O, ARAUS J L, et al., 2015. Unmanned aerial platform-based multispectral imaging for field phenotyping of maize [J]. Plant Methods, 11 (1): 35.

ZHANG J, BASSO B, PRICE R F, et al., 2018. Estimating plant distance in maize using Unmanned Aerial Vehicle (UAV) [J]. PloS one, 13 (4): e0195223. DOI: 10.1371//journal.pone.0195223.

ZHOU B, ELAZAB A, BORT J, et al., 2015. Low-cost assessment of wheat resistance to yellow rust through conventional RGB images [J]. Computers and Electronics in Agriculture, 116: 20-29.

第二章　农作物遥感调查

农作物遥感调查是一种利用先进技术对农作物进行全面、系统监测和制图的调查方法。目的是掌握农作物分布，监测农作物长势，为农业政策制定提供技术支撑；精准获取不同农作物在地域上的分布范围、种植面积等信息，为农业生产规划、资源配置等提供基础数据支持，例如，通过调查可以清晰了解某地区小麦、玉米、水稻等主要农作物的种植区域，以便合理安排灌溉、施肥等农业生产活动；及时了解农作物的生长状况，如苗情、病虫害发生情况、旱情等，为农业灾害预警和田间管理提供依据，帮助农民及时采取相应的措施，保障农作物的产量和质量；为政府制定农业补贴政策、耕地保护政策、粮食安全战略等提供准确的数据支撑，使政策更加科学、合理、精准。

农作物遥感调查常用的技术手段有卫星遥感技术、地面监测技术、数据融合技术。

卫星遥感技术：利用风云气象卫星、国产高分系列卫星等多源卫星资料，获取大范围、高分辨率的农作物影像数据。通过影像分析处理，可以识别农作物的类型、分布范围和面积等信息。例如，国家卫星气象中心联合多省份气象部门，综合利用多源卫星资料制作完成了北方春玉米、大豆、一季稻、冬小麦2023年度遥感分布图。

地面监测技术：建立农业气象观测站网络，通过实景观测数据提取作物类别标注信息，确定作物的位置和类别。同时，还可以利用无人机、物联网设备等进行实地监测，获取更精准的农作物生长信息。

数据融合技术：将卫星遥感数据和地面统计数据相结合，充分挖掘两类数据的优势，提升农作物空间分布制图的精度，如中国农业科学院农业资源与农业区划研究所智慧农业创新团队提出的协同这两类数据的农作物亚像素制图新方法。农作物遥感调查的原理主要是基于农作物的光谱特征（图2-1），农作物在红光波段由于受叶绿素吸收的影响，具有明显的吸收谷，在近红外波段由于受叶片内部结构的影响，具有较高的反射率，形成反射峰，这些反应敏感的波段及其组合（通常称为植被指数）可以反映农作物的生长信息。目前常用的植被指数有归一化植被指数、垂直植被指数等。

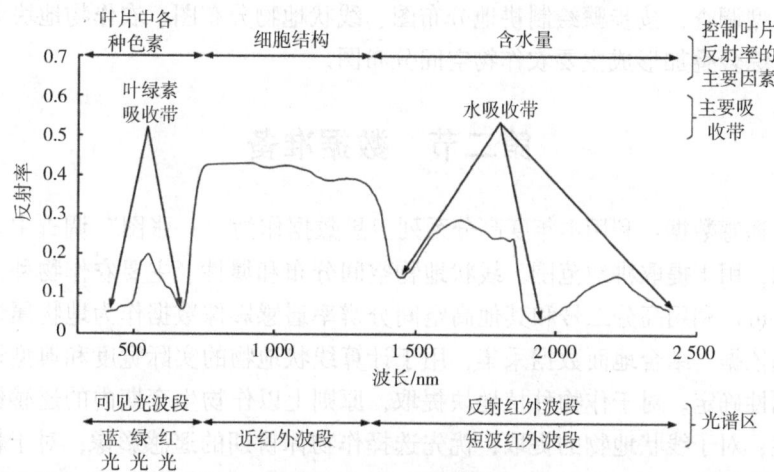

图 2-1　农作物光谱特征图

第一节　技术路线

农作物遥感调查总体技术路线（图 2-2）以在省域范围内使用中高空

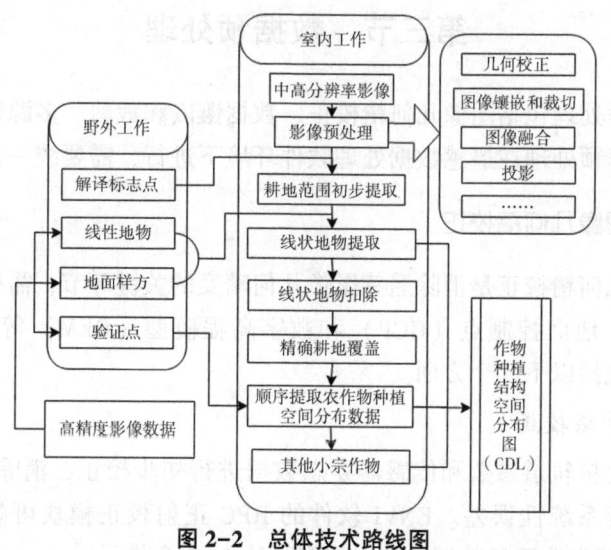

图 2-2　总体技术路线图

间分辨率遥感卫星图像为基准，依据不同作物和地物的光谱特征，结合地面典型调查，按步骤绘制耕地分布图、线状地物分布图、农作物地块分布图，综合叠加形成主要农作物空间分布图。

第二节　数据准备

遥感数据：利用本年度高分系列卫星数据作为"一张图"调查主要数据源，用于提取耕地范围、线状地物空间分布和属性、主要农作物种植地块；可以利用高分二号和其他高空间分辨率遥感影像数据作为地物属性的判别依据，结合地面数据采集，用于计算线状地物的实际宽度和典型地物的属性确定。对于作物种植地块提取，原则上以作物生育期内的遥感影像为主；对于线状地物的提取，优先选择作物休耕期的遥感影像；对于耕地边界的提取，可以使用本年度或者 2 年内的高分一号数据和 15m 融合数据作为基础数据源。

其他数据：矢量数据统一采用全国 1∶100 万分省和分县行政界线。收集近几年的分县农作物种植面积和产量统计数据，作为实施"一张图"调查工作的参考。

第三节　数据预处理

数据预处理包括图像几何精校正、数据镶嵌和裁剪、多源数据融合等步骤，数据预处理在遥感数据处理软件环境下进行，需要统一数据格式。

一、图像几何精校正

图像几何精校正是消除遥感影像几何畸变的关键环节，需要综合运用轨道参数、地面控制点（GCP）和数字高程模型（DEM）等多源数据。具体实施包括以下几个方面。

1. 系统级校正

基于卫星轨道参数和传感器姿态数据进行初步校正，消除地球曲率、大气折射等系统性误差。ENVI 软件的 RPC 正射校正模块可处理 SPOT、QuickBird 等商业卫星数据，校正精度可达 1~2 个像元。

2. 精确几何校正

采用二次多项式或共线方程模型，通过地面控制点实现亚像元级精度。对于资源三号等高分辨率卫星数据，通常需要设置每景影像不少于20个均匀分布的 GCP，利用 GPS 实测或基准影像获取控制点坐标。

3. 地形校正

在山区地形区域，需要结合 30m 分辨率 SRTM DEM 或 12.5m 分辨率 ALOS DEM，采用 C 校正、Minnaert 模型等方法消除地形阴影影响。以 Landsat 8 数据为例，地形校正可使 NDVI 指数在山地地区的变异系数降低 40% 以上。

二、数据镶嵌与裁剪

1. 影像镶嵌

影像镶嵌涉及色调匹配、接边羽化和重叠区优化三大关键技术。ERDAS Imagine 的 MosaicPro 模块支持多光谱与全色数据的自动拼接，通过直方图均衡化实现相邻影像的辐射一致性。对于高分系列卫星数据，采用 SIFT 特征匹配算法可实现亚像元级的几何配准。

2. 数据裁剪

根据应用需求可分为行政边界裁剪（基于 Shapefile 矢量数据）、感兴趣区域（ROI）裁剪和规则格网裁剪。以长江流域生态环境监测为例，需要结合 1∶25 万水系矢量数据，采用缓冲区分析生成定制化研究区域。

三、多源数据融合

1. 像素级融合

包括 IHS 变换（适用于 QuickBird 多光谱与全色数据融合）、主成分分析（PCA）和小波变换等方法。以 WorldView-3 数据为例，Gram-Schmidt 融合算法可在保持原始光谱特征的同时将空间分辨率提升至 0.3m。

2. 特征级融合

结合 LiDAR 点云数据与光学影像进行三维重建，采用点云分类技术提取建筑物轮廓。TerraSolid 软件可实现激光雷达数据与航空影像的协同处理，平面定位精度优于 0.5m。

3. 决策级融合

通过 D-S 证据理论或模糊逻辑方法整合多时相、多传感器数据。在农作物分类应用中，融合 Sentinel-1 SAR 数据和 Landsat 8 光学数据，可使分类精度提高 15%～20%。

第四节　遥感图像解译

在遥感图像处理软件或者地理信息软件环境中，建议采用手工勾绘边界进行作物的解译，如果采用监督和非监督分类提取作物，则需要按照成图要求，人工去除噪声、修缮边界、叠加线状地物等操作，总体要求是在保证解译质量基础上提高成图的效果。

遥感影像作物解译是农业遥感应用的核心环节，其技术路线选择与实施质量直接影响种植面积估算、长势监测等关键农情信息精度。本节将从解译方法、技术流程、质量控制及发展趋势等方面，系统阐述作物解译的技术体系与实践要点。

一、手工解译技术体系

1. 解译基础数据准备

（1）影像预处理：完成辐射校正（采用 FLAASH 模块消除大气影响）、几何校正（控制点误差<0.5 像元）和影像融合（如 Gram-Schmidt 方法提升空间分辨率）。

（2）辅助数据整合：叠加 1∶1 万土地利用现状图、高分辨率谷歌影像（作为底图参考）及耕地保护红线矢量数据。

（3）解译标志建立：通过地面样方调查建立作物 NDVI 时序曲线库，冬小麦 4 月峰值 NDVI>0.6，水稻分蘖期 NDVI 波动特征明显。

2. 人工勾绘实施要点

（1）多尺度协同解译：采用金字塔显示技术，在 10m 分辨率下勾绘地块轮廓，切换至 2m 分辨率修正边界细节。

（2）分层解译策略：按"耕地—作物类型—种植模式"三级体系推进，优先确定耕地范围（结合国土三调数据），再区分作物品种。

（3）动态验证机制：每完成 5km² 解译即进行样区验证，采用 Kappa 系数≥0.85 作为通过标准。

3. 典型软件工作流示例

（1）ArcGIS Pro 环境：通过"影像分类"工具栏创建训练样本，使用"编辑"模块进行矢量修正，叠加交通路网数据消除道路误判。

（2）ENVI Classic 平台：结合 ROI 工具建立解译标志库，利用 Spectral Angle Mapper 算法辅助目视解译。

（3）国产软件应用：航天宏图 PIE-Engine 平台提供智能标绘工具，支持多人协同在线解译。

二、自动分类技术实施

1. 监督分类方法

（1）特征空间构建：选择红边波段（如 Sentinel-2 B5）、纹理特征（GLCM 熵值）及时相特征（关键物候期 NDVI）构成多维分类特征集。

（2）分类器选择：最大似然法适用于正态分布训练样本，冬小麦识别精度约 78%；支持向量机（SVM），核函数选择 RBF，玉米分类精度提升至 85%；随机森林设置 100 棵决策树，水稻识别 Kappa 系数达 0.89。

（3）训练样本采集：按分层随机抽样原则，每类作物采集 200 个以上样本点，空间分布需要覆盖研究区不同生态条件。

2. 非监督分类方法

（1）ISODATA 算法：迭代次数设为 20，类间距离阈值 0.95，合并相似类别数≤5。

（2）K-Means 聚类：根据肘部法则确定最佳类别数，华北平原夏收作物通常划分为 8~10 类。

（3）时序聚类分析：结合 MODIS 16 天合成数据，利用 DTW 距离度量作物物候差异。

3. 分类后处理技术

（1）噪声去除：采用 3×3 多数滤波窗口消除椒盐噪声，保持面积 >0.1hm² 的有效图斑。

（2）边界优化：使用 Guassian 滤波平滑边缘，配合 Canny 算子检测保持自然边界形态。

（3）地物叠加校正：融合 OpenStreetMap 道路数据，消除线状地物混分；整合水利设施矢量，修正灌溉区域作物分布；关联气象干旱指数，调整旱作作物分布合理性。

三、解译质量控制体系

1. 几何精度控制

（1）图斑边界吻合度：地块边界与高清影像套合误差≤1个像元（10m 分辨率数据要求<10m）。

（2）面积量算误差：解译面积与实测样方相对误差控制在±5%以内。

2. 专题精度验证

（1）混淆矩阵分析：总体精度≥85%，Kappa 系数≥0.8。

（2）空间一致性检验：与农业农村部门统计数据空间分布趋势吻合度>90%。

（3）不确定性评估：采用蒙特卡洛模拟分析解译结果置信区间。

3. 制图规范要求

（1）图式图例系统：建立三级分类颜色库（主粮作物用暖色调，经济作物用冷色调）。

（2）注记配置规则：县级尺度图面标注密度≤15 个/100km^2，字体大小分级设置。

（3）成果输出标准：GeoTIFF 格式存储，空间参考采用 CGCS2000 坐标系，属性表包含作物类型、面积、置信度等字段。

当前作物解译技术呈现人工解译与自动分类相融合的发展态势。在具体实践中，建议采用"机器初分类+人工精修正"的混合工作流，既保持自动处理的高效性，又确保专业解译的准确性。随着 2025 年发布的《典型地物遥感智能解译技术规程》（DB15/T 3937—2025）实施，作物解译过程将更加标准化。未来需要重点突破样本学习、跨传感器迁移学习等技术难点，推动解译精度向 95% 以上迈进，为作物监测提供更可靠的技术支撑。

第五节　野外调查

选择合适的调查路线和调查方法是提高工作效率和工作质量的重要前

提，调查路线的选择应遵循以下几个原则。

一是统筹规划，合理安排。受时间、人员、地形等因素制约，合理选择调查路线，在地面样方分布（区域代表性）、线状地物分布、作物种植分布等方面做好规划，并做好与其他生产任务的有机结合。

二是在保证安全的前提下，开展充分和深入的调查和测量。

记录调查路线调查点：记录航迹是本底调查工作的一个中间环节，调查点文件记录了野外调查每天行进的路线。

建立作物解译标志：在图像覆盖范围内，利用GPS进行实地定位，并记录地物属性，建立多种作物的解译标志，作为人工目视解译的参考标准。解译标志点的数量和空间分布以提供室内作物判别基础为目的，原则上满足图像解译人员提高作物识别精度的要求，5个主要农作物的解译标志点原则上不少于验证点数量的2倍。

线状地物宽度测量：线状地物测量的目的是得到地面道路、河流、沟渠、林带等地物的实际宽度数据，从而在解译得到的面状单元中进行正确的线状地物面积扣除。线状地物的测量方式通过高精度影像直接读取和地面人工实地测量获得。

第六节 精度验证

采用定性和定量的方式验证作物品种判别的准确度和作物面积提取的精确度。

定性验证：验证点选取可以通过两种方式实现，即利用高精度影像选择和野外建立验证点。在高精度影像上或者在野外调查过程中，选择一定数量的验证点，准确记录验证点的空间坐标，并且要求验证点全部落在目标作物地块中。将验证点与目标作物解译矢量文件进行空间叠加，计算落在目标作物解译地块内的点数，进行精度验证。验证点应在大于60m×60m作物地块内选取；为了减小验证误差，选择验证点时尽量远离作物地块的边界，保证验证点的质量。验证点验证精度控制在98%以上。

定量验证：利用同年度的高精度遥感影像和动态监测地面样方作为作物种植地块提取精度验证的数据源。各选3个高精度影像分别在平原、丘陵、山区对影像中耕地范围内的作物进行精确提取，验证"一张图"成果的作物面积精度。

参考文献

白锐峥，2002. 3S 系统支持下的山西省冬小麦估产方法研究 [J]. 中国农业资源与区划，23（4）：54-56.

班松涛，2014. 县域农作物分类类型遥感识别与提取 [D]. 杨凌：西北农林科技大学.

陈晓苗，2010. 基于 MODIS-NDVI 的河北省主要农作物空间分布研究 [D]. 石家庄：河北师范大学.

程永政，2009. 多尺度农作物遥感监测方法及应用研究 [D]. 郑州：解放军信息工程大学.

邓绶林，刘文彰，1992. 地学辞典 [M]. 石家庄：河北教育出版社.

李卫国，2013. 农作物遥感监测方法与应用 [M]. 北京：中国农业科学技术出版社.

李正国，杨鹏，周清波，等，2009. 基于时序植被指数的华北地区作物物候期/种植制度的时空格局特征 [J]. 生态学报，29（11）：6216-6226.

石华，2016. 测绘地理信息成果在第三次全国农业普查中的应用 [J]. 经纬天地（4）：32-34.

唐华俊，2018. 农业遥感研究进展与展望 [J]. 农学学报（1）：175-179.

汪萌，2009. 基于数据挖掘的水电项目决策支持系统的研究 [D]. 北京：华北电力大学.

王召海，1999. 棉花种植面积遥感调查研究 [J]. 遥感信息，1（9）：27-30.

吴炳方，2004. 中国农情遥感速报系统 [J]. 遥感学报，8（6）：202-205.

张莉，2012. 基于 EOS/MODIS 数据的晚稻面积提取技术研究 [D]. 北京：中国农业科学院.

张玉贵，1996. 1996 年巴黎 SPOT 国际会议情况简介 [J]. 遥感信息（2）：39-43.

赵英时，2013. 遥感应用分析原理与方法 [C]. 北京：科学出版社.

郑明国，蔡强国，秦明周，等，2006. 一种遥感影像分类精度检验的新方法 [J]. 遥感学报，10（1）：39-48.

DOUG R, et al., 2000. Land Cover Mapping in an Agricultural Setting Using Multiseasonal Thematic Mapper Data [J]. Remote Sensing of Environment, 76: 139-155.

EVERINGHAM Y L, LOWE K H, DONALD D A, et al., 2007. Advanced satellite imagery to classify sugarcane crop characteristics [J]. INRA, EDP Sciences, 27: 111-117.

JANSSEN L L F, MIDDEKLOOP H, 1992. Knowledge-based crop classification of a Landsat Thematic Mapper image [J]. Int. J. Remote Sensing, 13 (15): 2827-2837.

MURAKAMI T, OGAWA S, ISHITSUKA M, et al., 2001. Crop discrimination with multitemporal SPOT/HRV data in the Saga Plains, Japan [J]. Int. J. Remote Sensing, 22 (7): 1335-1348.

NIDAMANURI R R, ZBELL B, 2011. Transferring spectral libraries of canopy reflectance for crop classification using hyperspectral remote sensing data [J]. Biosystems Engineering, 110: 231-246.

RICHARD KIDD, GUIDO LEMOINE, 2000. Operational European Cereal Monitoring: Methodological Considerations [J]. Earth Observation Quarterly, 62: 13-16.

TURNER M D, CONGALTON R G, 1998. Classification of Multi temporal SPOT-XS Satellite Data for mapping rice Fields on a West African flood plain [J]. Int. J. Remote Sensing, 19 (1): 21-41.

WARDLOW B D, EGBERT S L, 2008. Large-area crop mapping using time-series MODIS 250 m NDVI data: An assessment for the U. S. Central Great Plains [J]. Remote Sensing of Environment, 112: 1096-1116.

第三章 基于地理信息服务平台的小麦种植面积变化监测

快速、准确地监测粮食主产区小麦种植面积的变化情况，可以为农业决策提供信息支持。本章采用布设地面样方的方法监测小麦种植面积，利用现有的地理信息公共服务平台，结合遥感信息技术，提供了一种作物面积遥感监测的新方法。通过与小麦种植面积遥感监测成果资料进行对比分析，验证了本方法的准确性和有效性。

第一节 研究背景

粮食种植面积是决定粮食总产量的关键要素之一，及时准确获取播种面积是保障粮食安全的重要方面。通过准确监测种植面积，能预估粮食产出的大致规模，为保障充足的粮食供应提供基础支撑，从而满足国内人口的口粮需求及各类粮食相关产业的原料需求，稳定粮食市场的供需平衡。当监测到粮食种植面积出现异常波动，如大幅减少时，可提前发出预警信号，提示可能面临的粮食产量下降风险，以便相关部门及时采取措施，如鼓励扩大种植、调配储备粮等，增强应对粮食危机的能力。

小麦是我国主要农作物之一，其历年种植面积分别占总耕地面积的22%~30%、粮食作物总面积的22%~27%，主要分布在河南、河北、山东、山西、陕西、江苏、四川、安徽等地。小麦在我国农业生产以及国民经济等诸多方面都有着极其重要的地位，主要体现在以下几个方面。

一、种植范围广泛

在我国，从北方的华北平原、东北平原，到中部的长江中下游平原，再到西部的一些河谷地带等，都有大面积的小麦种植。不同的地域依据气候、土壤等条件，种植冬小麦或春小麦，像河南、山东、河北等地是冬小麦的重要产区，种植规模庞大且产量可观。

二、产量贡献突出

小麦的产量较高且相对稳定，是我国重要的粮食来源。每年收获的大量小麦，为保障国内粮食供应、满足人们的口粮需求发挥了关键作用，能够充实国家的粮食储备，在稳定粮食市场方面有着不可替代的作用。

三、饮食文化中的中心地位

小麦是我国传统主食的重要原料，通过磨粉等加工方式，可以制作出种类繁多的食品，如馒头、面条、饺子、烙饼等，深受人们喜爱，承载着深厚的饮食文化内涵，是中华民族饮食文化不可或缺的一部分。

四、农业经济链条中的关键环节

小麦种植涉及众多的种植户，带动了农村地区的就业与增收。同时，从小麦的收购、运输、仓储，到后续的加工、销售等环节，形成了一条完整且庞大的农业经济产业链，对推动农业经济以及相关配套产业的发展意义重大。

五、保障国家粮食安全

在应对各类自然灾害、国际粮食市场波动等情况时，小麦稳定的产量和储备能够增强我国粮食的自给自足能力，降低对外依赖程度，从战略层面保障国家的粮食安全，使我国在粮食供应上更具主动性。

传统的小麦面积获取采用地面样方调查结合统计的方法实现，这种方法受人为因素影响较大，且耗时费力，难以满足相关管理、决策部门对其现势性信息的需求。遥感技术具有宏观、动态、快速、准确等优势，决定了遥感技术能被快速应用于农业领域，近年来应用卫星遥感信息监测农作物面积、估产已从理论研究走向成熟应用阶段。本章以传统的小麦面积地面样方调查方法为基础，利用现有的地理信息公共服务平台，结合遥感信息技术，探讨了一种小麦面积变化监测的方法。

第二节　材料准备

一、地理信息服务平台

天地图是国家地理信息公共服务平台，由国家基础地理信息中心建设。2010年，国家地理信息公共服务平台（公众版）、中国区域内数据资源最全的地理信息服务网站"天地图"测试版开通。2011年，平台正式上线运行，之后陆续进行了多个版本的更新升级，如天地图2013版正式上线、天地图2016版上线等，不断提升数据内容、服务功能和性能。平台服务功能强大，可以进行地名搜索定位、距离和面积量算、兴趣点标注、路径分析、屏幕截图等操作。各应用部门也可依据数据采集的通用模板，方便地进行自身业务系统开发。各应用单位免费在线使用数据，节约了购买、加工、维护成本，加快了信息化建设的进程，促进了信息资源共享，极大地提升了管理水平和工作效率。天地图门户网站运行于互联网、移动通信网等公共网络，以门户网站和服务接口两种形式向公众、专业部门、政府部门提供24h不间断地理信息服务。具备二维与三维地图浏览、地名分类搜索定位、距离和面积量算、兴趣点标注、驾车路线规划、中英文地名切换、屏幕截图打印等功能，主要面向公众地理位置查询、出行、旅游、教育学习等方面的需求。网站服务接口包括10类标准服务接口和超过1 000个应用程序编程接口，用户可利用标准服务接口调用地理信息服务，或利用编程接口将服务资源嵌入已有系统中或搭建新的应用系统。天地图平台由国家相关部门建设和管理，数据来源可靠，保证了地理信息的准确性和权威性。平台集成了海量基础地理信息资源，涵盖全球和全国不同尺度、多种类型的数据。平台提供一站式服务，以门户网站和服务接口两种形式提供"一站式"地图服务，方便用户获取和使用地理信息。平台具备丰富的二次开发资源，为企业进行地理信息资源的增值服务提供开发环境，推动地理信息产业发展。目前，天地图平台已广泛应用于国土资源、矿产勘探、电力、海洋渔业、生态环保等各个领域。

谷歌地球是一款美国谷歌公司开发的虚拟地球软件，其主要目的就是完成数字地图的获取与测绘，并允许用户通过客户端观看地球卫星或者航拍获取的图像。谷歌地球影像数据主要来源于DigitalGlobe、EarthSat、

BlueSky 等以卫星、航拍、GIS/GPS、地理数据等相关业务为主的公司，能够提供可达到 5 年前军用级水平的三维地图和匹配真实地球物理信息的高精度画面，并且谷歌公司一直对其全球影像数据库进行更新。影像地面分辨率至少可达百米，在中国大陆等地方甚至不到 1m。鉴于谷歌地球遥感影像的分辨率较高，在某些地区的分辨率足以用来对土地利用进行分类，且资源免费，为研究者提供了广阔的地理信息平台。

二、数据准备

天地图主要的数据组成包括矢量数据、卫星影像数据和其他数据。矢量数据是天地图数据资源的主体，涵盖全国省市、乡镇、村庄的交通、水系、居民地等。卫星影像数据主要来自国内外商业卫星资源。其他数据包括全球范围的 1∶100 万矢量地形数据、250m 分辨率的卫星遥感影像、全国范围的 1∶25 万公众版地图数据、导航电子地图数据、15m 分辨率的卫星遥感影像、2.5m 分辨率的卫星遥感影像，以及全国 319 个地级以上城市和 10 个县级市建成区的 0.6m 分辨率遥感影像，还包含部分城市热点区域的三维街景数据。本研究小麦面积变化监测所涉及的天地图的影像数据源为航摄 DMC 数据，影像覆盖山东省十六地市，摄影比例尺为 1/8 000。DMC 光谱分辨率较低，共有 R、G、B 3 个可见光波段，无近红外波段。影像空间分辨率 0.50m，数据辐射分辨率为 8bit。

谷歌地球的影像数据源为快鸟卫星影像，影像主要景幅宽星下点为 16.5km，可达到的地面宽度 544km，全色波段，影像空间分辨率为 0.61m，数据辐射分辨率为 11bit。

第三节　研究方法与技术路线

小麦面积变化监测采用地面样方调查方法，首先收集小麦面积监测区域各种背景资料数据，主要包括地形数据、农业区划数据、历史遥感数据、作物物候数据及区域交通数据等。根据统计学分层抽样原理，设计小麦面积变化监测的抽样统计方法。在监测区域背景数据的支持下，以省域小麦面积为总体，以各市为分层抽样单元，再以地面调查样方框架为二次抽样单元进行二次抽样，完成小麦面积监测整体抽样设计。

根据小麦面积监测整体抽样设计布设地面调查样方，进行外业调查，结合典型地物遥感解译专家系统，确定小麦影像特征，利用现有的地理信息公共服务平台进行小麦面积解译，最后量算小麦监测面积并进行精度评定，整体技术流程如图3-1所示。

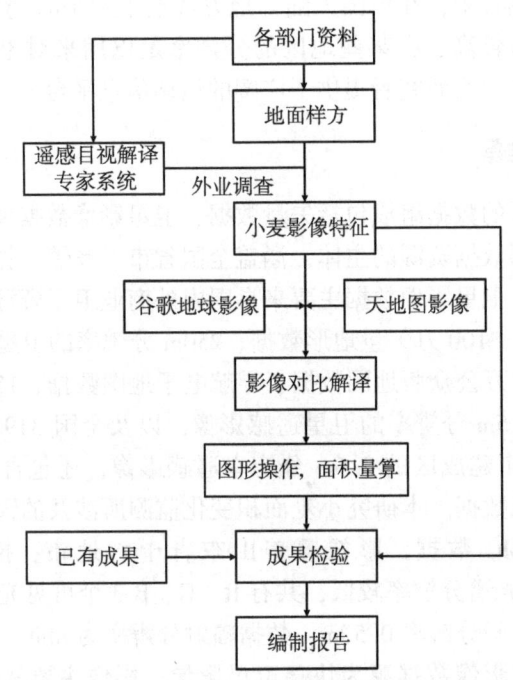

图3-1 小麦面积监测流程图

通过野外实地调查，获取小麦地理信息公共服务平台数据上的标志，为以后小麦种植面积的解译提供基础工作。从两种地理信息服务平台上获取影像数据，利用两种不同的影像数据对小麦种植面积分别进行目视解译，结合地面实际调查获得道路、林地、沟渠等地物分布，最后利用地理信息编辑软件对数据进行综合分析，分别求得两种数据源的小麦分类结果。

第四节 结果与分析

小麦面积变化监测地面样方的选取应远离村庄、工矿用地、水域等非耕地区域。选取一个地面样方进行试验验证，编号为DM01，位于山东东营，样方大小约为 400m×400m，地势平坦。

谷歌地球地理信息影像服务系统提供的样方 DM01 地区的影像采集时间为 2010 年 11 月，此时山东地区小麦已经出苗，即将进入越冬期，可以作为 2011 年小麦面积影像判读依据；天地图地理信息公共服务平台提供的样方 DM01 地区的影像拍摄时间为 2012 年 4 月，此时小麦进入抽穗期，地物影像特征较明显，可以作为 2012 年小麦面积影像判读依据。图 3-2、图 3-3 分别是两个地理信息影像服务系统提供的 DM01 的两个相邻年份的快视图。从地物地貌的影像特征出发，遵循影像特征、影像解译图以及地面实况相一致的解译原则，对影像进行解译分类，两幅影像解译分类的结果如图 3-4、图 3-5 所示。

图 3-2 谷歌地球影像

对比两个分类结果可以看出，2012 年样方 DM01 的小麦种植面积比 2011 年小麦种植面积减小，减小变化区域为图 3-4 中竖线部分显示区域，变化原因是原来的小麦种植区域改种其他作物。通过图上编绘量算，2012 年样方 DM01 小麦种植面积比 2011 年减小 5 762m^2，样方总面积为 169 022m^2，样方小麦种植面积变化率为-3.41%。农业部小麦种植面积遥

图 3-3 天地图影像

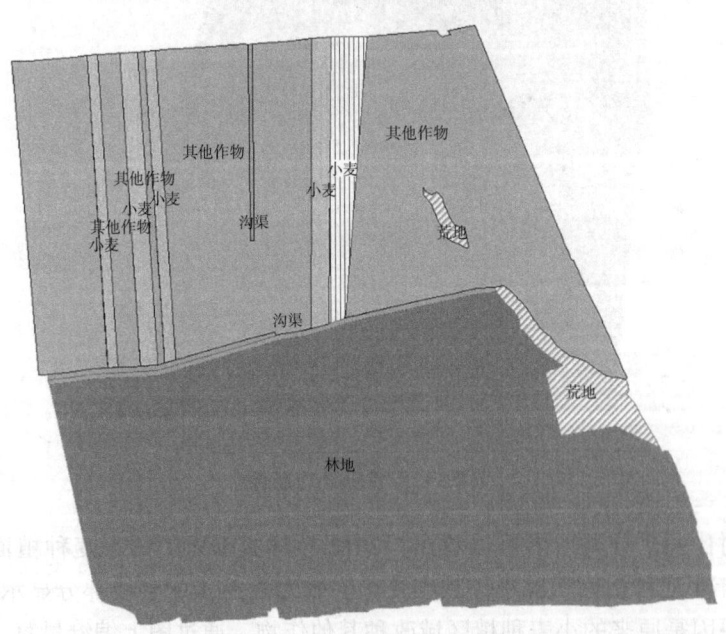

图 3-4 谷歌地球影像分类结果

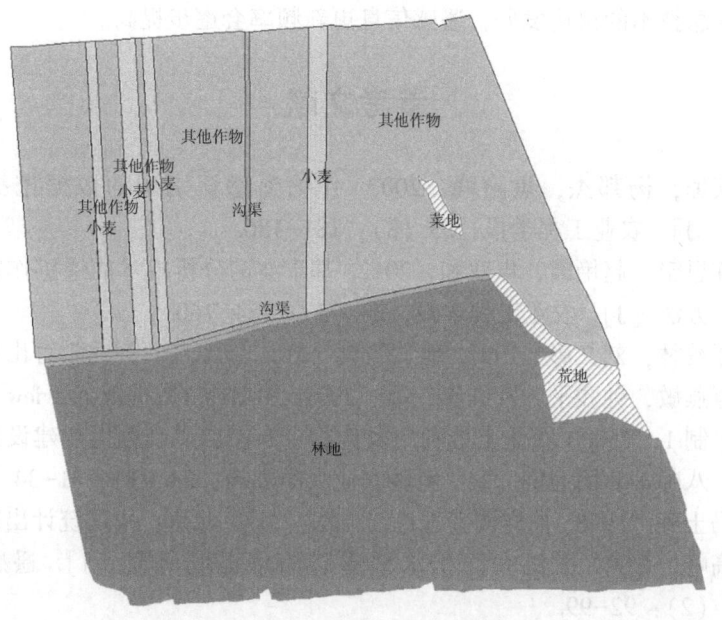

图 3-5 天地图影像分类结果

感监测工作提供的成果资料显示，2011—2012 年样方 DM01 小麦面积的变化率为-3.44%，与本次试验结果差别不大。

第五节 结论与讨论

快速、准确地监测粮食主产区小麦种植面积的变化情况对于粮食安全、政府决策具有重要意义，传统的地面样方调查方法费时费力，本章在地面样方调查基础上，借助现有的地理信息公共服务平台，结合遥感信息分析手段，提出了一种改进的小麦面积动态变化监测方法，有效提高了小麦面积动态变化监测的工作效率。通过与上级农业农村管理部门小麦种植面积遥感监测工作成果资料对比，验证了该方法的正确性和有效性。

该方法的优点在于可以充分利用公共服务平台信息，成本低；利用不同数据源的遥感影像进行对比分析，比较直观，简单易操作，更有利于政府部门生产管理。该方法的缺点在于受公共服务平台信息更新速度的影响，当前数据的时效性难以保证，但随着各部门对平台信息需求量的增加以及信息技术的快速发展，遥感信息更新频率会逐步提高。

参考文献

安琼，杨邦杰，焦险峰，2007. 作物遥感识别中的数据挖掘技术 [J]. 农业工程学报，23（8）：181-186.

陈思宁，赵艳霞，申双和，2012. 基于波谱分析技术的遥感作物分类方法 [J]. 农业工程学报，28（5）：154-160.

邓绶林，刘文彰，1992. 地学辞典 [M]. 石家庄：河北教育出版社.

范燕敏，钟骏平，武红旗，等，2001. 用 ETM+数据及 Arcview GIS 编制 1∶25000 农业土地利用及作物分布图：以新疆生产建设兵团农八师 148 团为例 [J]. 新疆农业大学学报，24（1）：31-34.

冯士雍，1998. 抽样调查理论与方法 [M]. 北京：中国统计出版社.

高峰，1994. 微机大面积水稻遥感信息提取研究 [J]. 遥感学报（2）：92-99.

郭德方，1987. 遥感图像的计算机处理和模式识别 [M]. 北京：电子工业出版社.

黄晓军，何维，张云柏，等，2003. 利用 TM 卫星资料进行江苏部分地区小麦面积调查 [J]. 江苏农业科学（4）：85-87.

李树楷，1992. 全球环境、资源遥感分析 [M]. 北京：测绘出版社.

李颖，陈秀万，段红伟，等，2010. 多源多时相遥感数据在冬小麦识别中的应用研究 [J]. 地理与地理信息科学，26（4）：47-49.

林文鹏，王长耀，储德平，等，2006. 基于光谱特征分析的主要秋季作物类型提取研究 [J]. 农业工程学报，22（9）：128-132.

刘亮，姜小光，李显彬，等，2006. 利用高光谱遥感数据进行农作物分类方法研究 [J]. 中国科学院大学学报，23（4）：484-488.

吕书强，田巨慧，杜磊，等，2009. 加权纹理特征在高分辨率遥感影像耕地再分类中的应用 [J]. 测绘科学（s1）：67-69.

马丽，徐新刚，贾建华，等，2008. 利用多时相 TM 影像进行作物分类方法 [J]. 农业工程学报（s2）：191-195.

彭光雄，宫阿都，崔伟宏，等，2009. 多时相影像的典型区农作物识别分类方法对比研究 [J]. 地球信息科学学报，11（2）：225-

230.

乔红波, 张慧, 程登发, 2008. 不同时序 EOS/MODIS NDVI 监测河南省冬小麦面积 [J]. 安徽农业科学, 36 (27): 11940-11941.

唐东跃, 熊助国, 王金丽, 2008. Google Earth 及其应用展望 [J]. 地理空间信息, 6 (4): 110-112.

唐华俊, 2018. 农业遥感研究进展与展望 [J]. 农学学报 (1): 175-179.

王召海, 1999. 棉花种植面积遥感调查研究 [J]. 遥感信息, 1 (9): 27-30.

吴炳方, 2004. 中国农情遥感速报系统 [J]. 遥感学报, 8 (6): 202-205.

吴炳方, 许文波, 孙明, 等, 2004. 高精度作物分布图制作 [J]. 遥感学报, 8 (6): 688-695.

肖海燕, 曾辉, 昝启杰, 等, 2007. 基于高光谱数据和专家决策法提取红树林群落类型信息 [J]. 遥感学报, 11 (4): 531-537.

许文波, 张国平, 范锦龙, 等, 2007. 利用 MODIS 遥感数据监测冬小麦种植面积 [J]. 农业工程学报, 23 (12): 144-149.

尤淑撑, 张玮, 严泰来, 2000. 模糊分类技术在作物类型识别中的应用 [J]. 国土资源遥感 (1): 39-43.

张军, 2012. 基于 MODIS 遥感数据的山东省济宁市冬小麦面积估算研究 [D]. 南京: 南京大学.

郑明国, 蔡强国, 秦明周, 等, 2006. 一种遥感影像分类精度检验的新方法 [J]. 遥感学报, 10 (1): 39-48.

中华人民共和国农业部, 1998. 中国农业统计资料 [M]. 北京: 中国农业出版社.

周红妹, 杨星卫, 1998. 应用遥感方法动态求取小麦油菜面积 [J]. 上海农业学报 (3): 1-4.

邹金秋, 陈佑启, SATOSHI UCHIDA, 等, 2007. 利用 Terra/MODIS 数据提取冬小麦面积及精度分析 [J]. 农业工程学报, 23 (11): 195-200.

DAMIEN ARVOR, MILTON JONATHAN, VINCENT DUBREUIL, et al., 2011. Classification of MODIS EVI time series for crop mapping in the state of Mato Grosso, Brazil [J]. International Journal of Remote Sensing, 32 (22): 7847-7871.

WARDLOW B D, EGBERT S L, KASTENS J H, 2007. Analysis of time-series MODIS 250m vegetation index data for crop classification in the U. S. Central Great Plains [J]. Remote Sensing of Environment, 108 (3): 290-310.

ZHANG W, LI A, JIN H, et al., 2013. An Enhanced Spatial and Temporal Data Fusion Model for Fusing Landsat and MODIS Surface Reflectance to Generate High Temporal Landsat-Like Data [J]. Remote Sensing, 5 (10): 5346-5368.

第四章 基于遥感影像二维特征空间的芦笋种植面积提取研究

利用遥感技术提取农作物种植面积是农业遥感的重要内容之一，目前已广泛开展。随着农业产业结构的调整，特色农作物的种植也越来越受到重视，及时获取特色农作物种植面积，对于指导区域农业发展具有重要意义。本章以山东曹县为研究区域，以 Landsat 8 遥感影像为研究数据，探讨了芦笋种植面积区的提取方法。通过分析芦笋种植区与其他地物的 NDVI 特征，首先利用阈值分割方法去除水体、小麦地物，进一步分析芦笋种植区、建筑物和道路等的影像二维特征空间，发现芦笋种植区的土壤线分布规律，并通过波段运算结果确定阈值，最后进行芦笋种植面积提取。精度验证的结果表明该方法可较准确地进行芦笋种植面积遥感提取。

第一节 研究背景

由于农业产业结构的不断调整，特色农作物在某些地区有了较大的空间分布。蔬菜是城乡居民生活必不可少的重要农产品，改革开放以来，我国蔬菜产业发展迅速，在保障市场供应、增加农民收入等方面发挥了重要作用。山东是传统的蔬菜产区，是我国蔬菜产业化水平较高的省份之一。及时准确地了解蔬菜等经济作物的种植面积，对于保障农产品的有效供给、加强有关部门市场监测预警及促进蔬菜产业的可持续发展具有重要作用。

芦笋是世界十大名菜之一，是一种营养丰富的蔬菜。芦笋是天门冬科天门冬属多年生草本植物，它有直立的茎，茎可以长到 1~2m 高。芦笋的茎平滑，多分枝，而且茎的颜色通常为绿色或稍带白色。芦笋适宜种植在疏松、肥沃、透气性良好的土壤中。土壤的 pH 值一般以 6~7.5 为宜。如果土壤过于酸性或碱性，会影响芦笋对某些矿物质的吸收。它对土壤肥力要求较高，因为芦笋生长周期长，需要充足的养分供应。在种植前，通常需要对土壤进行深耕和施肥处理，以改善土壤结构和肥力。芦笋在生长过程中需要定期培土，一般在嫩茎开始生长前进行培土，培土高度以10~15cm为宜，这样芦笋的嫩茎洁白，可提高芦笋的品质。

遥感技术具有宏观、动态、快速、准确等优势，决定了其能被快速应用于农业领域。自遥感技术应用以来，国内外学者开展了一系列利用遥感技术提取作物种植面积的研究并取得显著进展。但学者大多开展大宗作物例如小麦、水稻等的种植面积遥感提取工作，对蔬菜等小宗作物的遥感面积提取研究并不多。芦笋种植产业具有显著的经济效益，芦笋种植面积的遥感提取值得深入研究。本章利用 Landsat 8 遥感影像，以山东曹县为例，针对芦笋种植区的影像特征，建立简便、高效的遥感面积提取方法，为当地芦笋产业的健康发展提供指导。

第二节 材料准备

一、研究区域

山东曹县位于山东西南部，隶属于菏泽，地处鲁豫皖三省交界处，地理坐标为115°16′~115°53′E，34°33′~34°57′N。全县总面积1 969km^2，辖5个街道、22个镇，总人口约175万，是山东人口大县和农业重镇。曹县属黄河冲积平原，地势平坦，土层深厚，耕地面积达196万亩（15亩=1hm^2，全书同）。境内河流纵横，主要水系包括东鱼河、太行堤河等，为农业生产提供了充沛的水资源。气候属暖温带半湿润季风气候，年均气温13.9℃，年均降水量680mm，光照充足，适宜小麦、玉米、棉花、蔬菜等作物种植，是国家级粮食生产先进县和山东重要的优质农产品基地。曹县土壤和气候非常适合种植芦笋。曹县是中国重要的农业生产基地之一，种植业和相关加工业比较发达，是中国最大的芦笋种植、加工和出口基地，2019年"曹县芦笋"被农业农村部审定为地理标志性农产品，全县芦笋种植面积达15万余亩，加工企业发展到24家，年加工能力15万t。

二、数据源

本试验采用的遥感数据为陆地卫星 Landsat 8 数据。Landsat 8 卫星于2013年2月11日发射升空，是美国陆地卫星系列的第八颗卫星，该卫星数据在全球范围内被广泛应用于多个领域。Landsat 8 卫星按近极点太阳同步轨道绕地球飞行，轨道高度为 705km，轨道倾角 98.2°，每 98.9min 绕地球一圈，每 16 天覆盖地球一遍，降交点时间为当地时间 10 时至 10 时 15 分，卫星数据下行速率为 441Mbps。卫星携带两个主要载荷 OLI 和 TIRS。

Landsat 8 卫星数据很好地延续了 Landsat 系列卫星的一贯特点，将为遥感应用的持续发展发挥重要作用。与 Landsat 7 相比，Landsat 8 增加了 2 个波段，一个是应用于水资源和海岸带研究的波段 1，一个是用于检测卷云的波段 9。Landsat 8 的波段范围有所变化，其中尤以近红外和全色波段的波长范围变化最明显，另外，Landsat 8 的 TIRS 有 2 个热红外波段。本节主要采用热红外波段以及多光谱的绿波段、红外波段、近红外波段和中红外波段进行研究。Landsat 8 数据对全球用户免费开放，降低了数据获取成本，促进了其在各个领域的广泛应用。

三、芦笋种植物候特点

播种期：芦笋一般在春季播种。春季气温回升，土壤温度达到 10℃ 左右时较为适宜。通常在 3—4 月，这个时期的土壤湿度和温度条件有利于芦笋种子的萌发。芦笋种子发芽的最适温度为 25~30℃，在曹县春季的气候条件下，能够较好地满足这一要求。而且春季降水逐渐增多，能够为种子萌发提供一定的水分保障，减少灌溉的压力。

苗期：芦笋苗期一般在播种后的 2~3 个月。在曹县的气候环境下，苗期正好处于春末夏初，气温逐渐升高，平均气温在 20~25℃，这有利于芦笋幼苗的生长。此时阳光充足，芦笋幼苗可以充分进行光合作用，积累养分。而且这个时期的降水也比较充沛，能够满足幼苗生长对水分的需求。不过，在降水过多时，需要注意排水，防止田间积水导致幼苗根部腐烂。

生长旺盛期：芦笋的生长旺盛期主要在夏季。夏季气温高，热量资源丰富，平均气温能达到 26~28℃，这对芦笋的生长非常有利。芦笋是一种喜温蔬菜，在高温环境下生长迅速。而且夏季光照时间长，强度适中，能够为芦笋提供充足的能量，促进植株的苗壮成长。在生长旺盛期，芦笋对水分和养分的需求也比较大。曹县夏季的降水能够部分满足其需求，但在干旱年份，需要进行适当的灌溉。同时，要注意合理施肥，以保证芦笋生长所需的营养。

休眠期：当秋季气温逐渐下降，低于 10℃ 左右时，芦笋开始进入休眠期。在曹县，一般从 11 月左右开始，芦笋地上部分的茎和叶逐渐枯萎变黄，植株生长停止。这是芦笋适应低温环境的一种生理现象。在休眠期，芦笋的地下部分依然存活，其根系和地下茎会储存养分，为翌年的生长做准备。此时需要做好田间管理，如清理枯萎的茎叶，适当进行土壤覆盖，以保护芦笋的地下部分免受冻害。

第三节　研究方法与技术路线

试验通过对影像数据的处理，结合地面调查地块的定位数据，研究芦笋种植面积的遥感提取方法，主要研究内容包括：获取曹县地区遥感影像数据；对获得的影像数据进行处理，包括几何校正、辐射校正、影像裁剪等；在以上处理的基础上，得到该研究区域的光谱反射率图像；计算研究区域植被指数；研究芦笋种植地的二维特征空间土壤线规律；阈值分割；对分类结果进行验证。试验开始之前需要对研究区域进行调查，调查内容主要包括经纬度、地表覆盖类型、地形位置、耕地参数。

本节以陆地卫星 Landsat 8 影像数据为基础，以遥感技术为手段，通过对影像数据的处理、分析、验证等操作，实现山东曹县地区芦笋种植空间分布情况，以期为决策管理、农业资源统计与利用等工作提供参考。

一、影像预处理

不同的植被有不同的物候信息，根据曹县地区芦笋种植作物的物候期，同时考虑图像数据的质量，选取芦笋苗期的 Landsat 8 遥感数据作为芦笋面积提取的合适时期。

对遥感影像进行预处理，主要包括影像的剪裁、几何精校正、大气辐射校正和图像增强等。几何校正以手持 GPS 测定均匀分布于研究区中的明显标志点的定位信息作为遥感影像几何校正的控制点，校正误差小于 1 个像元。利用 ENVI 软件的辐射校正模块对遥感影像进行辐射校正，得到辐亮度影像，调用 FLAASH 大气校正模型对影像进行大气辐射校正，反演得到地面反射率影像。

二、利用植被指数进行阈值分割

在遥感应用领域，植被指数已广泛用来定性和定量评价植被覆盖及其生长活力。由于植被光谱表现为植被、土壤亮度、环境影响、阴影、土壤颜色和湿度复杂混合反应，而且受大气时空变化的影响，植被指数没有一个普遍的值，其研究经常表明不同的结果。研究结果表明，利用遥感卫星的红光和红外波段的不同组合进行植被研究非常好，这些波段在气象卫星和地球观测卫星上都普遍存在，并包含90%以上的植被信息，这些波段间的不同组合方式统称为植被指数。植被指数有助于增强遥感影像的解译力，并已作为一种遥感手段广泛应用于土地利用覆盖探测、植被覆盖估算、作物识别和作物产量预测等方面。植被指数还可用来诊断植被一系列生物物理参量：叶面积指数（LAI）、植被覆盖率、生物量、光合有效辐射吸收系数（APAR）等；又可用来分析植被生长过程：净初级生产力（NPP）和蒸散等。植被指数是指示植被长势、生物量等的重要指数，研究应用较多的植被指数有归一化植被指数、比值植被指数、差值植被指数、垂直植被指数、正交值植被指数等，归一化植被指数NDVI是植被生长状态及植被覆盖度的最佳指示因子，研究表明它与多个植被参数（如绿色生物量、植被覆盖度、光合作用等）有关。植被指数NDVI的计算公式：

$$NDVI = (NIR-R) / (NIR+R)$$

式中，NIR为近红外波段；R为可见光红光波段。

已有研究表明，用植被指数NDVI进行阈值分割可以有效区分植被、水体、道路、裸地和建筑用地，因此，本书利用植被指数的差异性首先把水体和小麦从影像中区分开。对影像进行植被指数的计算，获得NDVI值，将前人经验与实地考察结合，确定植被的NDVI阈值。认为NDVI>0.3的像元为小麦植被像元，NDVI<0的像元为水体像元。掩膜去除水体和小麦植被，便于减小异物同谱的影像，为提取芦笋种植面积做准备，提高分类精度。

三、土壤线的拟合

阈值分割后，影像主要由建筑物、道路和芦笋构成。这三部分地物的植被指数差别不大，往往存在异物同谱的现象，考虑到芦笋种植地植被稀少、近视裸土的种植规律,为了更好地区别分类,现引入影像二维特征空间土壤线的概念。

Kauth 等利用 Landsat MSS 的 4 个波段构建四维空间,对土壤的光谱变化进行分析,首次提出了土壤线(soil line)的概念,目前许多常用的植被指数和干旱指数也都借助了这一概念。土壤的组成成分和物理结构是形成土壤线的主要因素。土壤主要由矿物质、有机质、水分和空气等组成。不同的矿物质成分在红光和近红外波段有不同的吸收和反射特性。例如,一些矿物质(如氧化铁)在红光波段有较强的吸收,而在近红外波段吸收相对较弱。土壤的颗粒大小和表面粗糙度也会影响其反射率。较细的颗粒可能会导致光的散射增强,从而影响红光和近红外波段的反射情况。土壤的水分含量变化会改变土壤的介电常数,进而影响土壤对光的反射和吸收,使得红光和近红外波段的反射率之间呈现出一种较为稳定的线性关系。土壤线在散点图中,土壤反射率的红光波段与近红外波段之间存在一种线性关系。它反映了土壤在这两个波段反射率的内在联系,这种关系在遥感领域被广泛应用。土壤线是在二维光谱特征空间中土壤像元在红光波段(Red)和近红外波段(NIR)的光谱反射率之间近似满足线性关系,在 NIR-Red 特征空间内形成一条土壤线。它是对大量土壤反射率的综合描述,对于了解土壤的理化性质和生态特征有着重要意义。

为了验证芦笋种植地的土壤线特性,该研究利用影像数据,分别选取若干地面采样点的道路、建筑物、芦笋种植地像元。各像元在 Landsat 8 第 5 波段(近红外)和第 4 波段(可见光红光)二维特征空间的分布散点图见图 4-1。从图 4-1 中可以看出,道路和建筑物的像元呈现离散分布,芦笋种植地的像元可以拟合出土壤线。拟合出的土壤线斜率为 0.618 3,方程为 $y = 0.618\ 3x + 16.088$,其中,x 为第 4 波段反射率;y 为第 5 波段反射率;相关性 $R^2 = 0.803\ 5$,可以看出,方程拟合精度较高。

四、芦笋种植面积提取

从以上数据分析验证中可以看出,芦笋种植地在二维特征空间上有区别于其他类型地物的特有的光谱特征,表现为土壤线特征。利用芦笋种植地的这一光谱反射率特征,采用波段运算的方法,将近红外波段和可见光红光波段的值进行线性运算。波段运算的计算公式:

$$r = \mathrm{NIR} - 0.618R$$

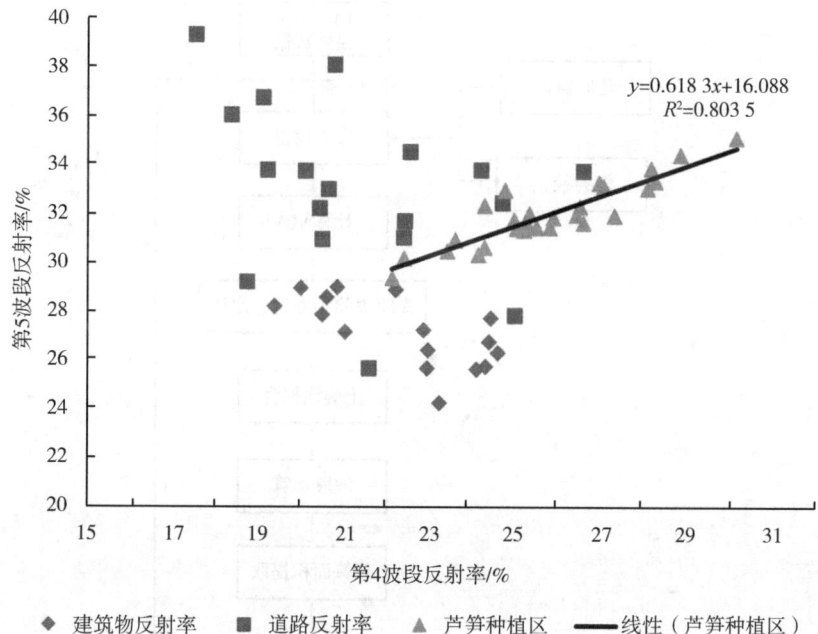

图 4-1 NIR-Red 二维特征空间

式中，r 为波段运算后的结果；NIR 为近红外波段；R 为可见光红光波段。经过波段运算，确定合理阈值，再次对上一节中的掩膜结果图像进行阈值分割，提取芦笋种植地的面积。芦笋种植区域遥感提取的基本路程见图 4-2。

采用此方法提取的芦笋种植面积产生分类结果图，统计分类结果面积。从芦笋分类结果图可知，由于 Landsat 8 原始影像具有较高的空间分辨率，不仅能够获得芦笋在空间上的分布信息，而且还可以利用芦笋像元的个数乘以像元大小，获得较为精确的芦笋种植面积。

第四节　方法验证

采用"天地图"地理信息公共服务平台提供的高分辨率影像目视判读和研究内实地调查采样相结合的方法，对研究区内随机选取的 33 个验证点进行相关指标计算，对试验结果进行精度分析和评价。从分析结果可

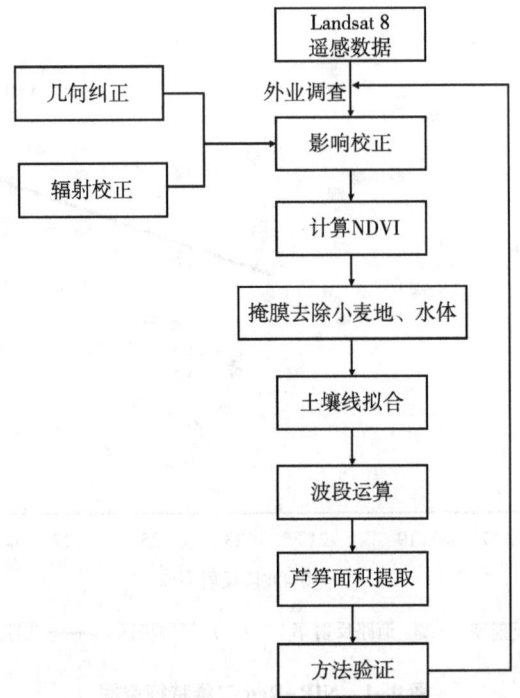

图 4-2 芦笋种植面积提取路程图

知,该方法的总体精度达到 84.85%,结果是令人满意的,证明该方法在芦笋种植面积提取中有较好的有效性和可行性。

第五节 结论与讨论

本章在研究总结国内外农作物种植面积提取的基础上,结合芦笋特有的种植规律,利用 Landsat 8 遥感影像,运用 ENVI 软件平台,以山东曹县为例,提出芦笋种植面积的遥感监测和面积提取方法。首先利用阈值分割方法对研究区内水体、小麦地物进行掩埋,通过进一步分析芦笋种植区、建筑物和道路的影像二维特征空间,发现芦笋种植区(近视为裸土)的土壤线分布规律,并利用波段运算结果确定阈值,最后成功提取了芦笋种植面积。

经过精度分析,利用该方法提取的芦笋种植面积总体精度较高,具有一定的有效性和可行性。但是，其中也存在一些误差，主要表现为：在芦笋种植面积像元的提取中，有部分道路像元被分到芦笋种植像元中，其原因可能是研究区内部分地物异物同谱、同物异谱现象所造成的。经研究发现，研究区内部分乡间道路为裸土地物，与芦笋种植地区的光谱特征十分类似，在各波段的光谱反射率值都较为接近。考虑到乡间道路在整个研究区内所占面积较小，且该误差对芦笋种植面积提取的影响不大，所以认定在误差允许的范围内，后续需要进一步改进。

参考文献

邓绶林，刘文彰，1992. 地学辞典［M］. 石家庄：河北教育出版社.

李存军，王纪华，刘良云，等，2005. 利用多时相 Landsat 近红外波段监测冬小麦和苜蓿种植面积［J］. 农业工程学报，21（2）：96-101.

刘焕军，张柏，宋开山，等，2008. 基于室内光谱反射率的土壤线影响因素分析［J］. 遥感学报，12（1）：119-127.

秦其明，游林，赵越，等，2012. 基于二维光谱特征空间的土壤线自动提取算法［J］. 农业工程学报，28（3）：167-171.

唐华俊，2018. 农业遥感研究进展与展望［J］. 农学学报（1）：175-179.

王玲，刘咏梅，常伟，等，2017. 基于 Landsat 8 OLI 影像的延河流域土壤线提取及其应用研究［J］. 水土保持通报，37（1）：161-165.

吴炳方，2004. 中国农情遥感速报系统［J］. 遥感学报，8（6）：202-205.

吴炳方，许文波，孙明，等，2004. 高精度作物分布图制作［J］. 遥感学报，8（6）：688-695.

武婕，李玉环，李增兵，2014. 基于遥感影像的土壤线空间变异规律及影响因素分析［J］. 自然资源学报，29（4）：702-708.

徐涵秋，唐菲，2013. 新一代 Landsat 系列卫星：Landsat 8 遥感影像新增特征及其生态环境意义［J］. 生态学报，33（11）：3249-3257.

许文波, 田亦陈, 2005. 作物种植面积遥感提取方法的研究进展 [J]. 云南农业大学学报, 2 (1): 94-98.

于继庆, 1996. 芦笋栽培与加工新技术 [M]. 北京: 中国农业出版社.

袁璋, 许越先, 刘爱军, 2005. 我国经济作物种植结构的近期变化 [J]. 中国农业科技导报, 7 (5): 39-45.

赵丽花, 李卫国, 杜培军, 2011. 基于多时相 HJ 卫星的冬小麦面积提取 [J]. 遥感应用 (2): 41-45, 50.

AMANI M, MOBASHERI M R, 2015. A parametric method for estimation of leaf area index using landsat ETM+data [J]. GIScience & Remote Sensing, 52 (4): 478-497.

AMANI M, PARSIAN S, MIRMAZLOUMI S M, et al., 2016. Two new soil moisture indices based on the NIR-red trianglespace of Landsat-8data [J]. International Journal of Applied Earth Observation and Geoinformation, 50: 176-186.

AMANI M, SALEHI B, MAHDAVI S, et al., 2017. Temperature-vegetation-soil moisture dryness index (TVMDI) [J]. Remote Sensing of Environment, 197: 1-14.

BOWERS S A, HANKS R J, 1971. Reflection of radiant energy from soils [J]. Soil Science, 100 (2): 130-138.

CAI W J, COWAN T, 2008. Evidence of impacts from rising temperature on inflows to the Murray-Darling Basin [J]. Geophysical Research Letters, 35 (7): 033390. DOI: 10.1029/2008GL033390.

CLAVERIE M, DEMAREZ V, DUCHEMIN B, et al., 2012. Maize and sunflower biomass estimation in southwest France using high spatial temporal resolution remote sensing data. Remote Sensing of Environment, 124: 844-857.

DRAPER C S, WALKER J P, STEINLE P J, et al., 2009. An evaluation of AMSR-E derived soil moisture over Australia [J]. Remote Sensing of Environment, 113 (4): 703-710.

ELLETT K M, WALKER J P, WESTERN A W, et al., 2006. A framework for assessing the potential of remote-sensed gravity to provide new

第四章 基于遥感影像二维特征空间的芦笋种植面积提取研究

insight on the hydrology of the Murray-Darling Basin [J]. Australian Journal of Water Resources, 10 (2): 125-138.

FOX G A, SABBAGH G J, SEARCY S W, et al., 2004. An automated soil line identification routine for remotely sensed images [J]. Soil Science Society of America Journal, 68 (4): 1326-1331.

GHULAM A, QIN Q, TEYIP T, et al., 2007. Modified perpendicular drought index (MPDI): a real-time drought monitoring method [J]. ISPRS Journal of Photogrammetry & Remote Sensing, 62 (2): 150-164.

GUERSCHMAN J P, VAN DIJK A I, MATTERSDORFG, et al., 2009. Scaling of potential evapotranspiration with MODIS data reproduces flux observations and catchment water balance observations across Australia. [J]. Journal of Hydrology, 369 (1): 107-119.

HENNESSY K, FAWCETT R, KIRONO D, et al., 2008. Drought: exceptional circumstances-an assessment of the impact of climate change on the nature and frequency of exceptional climatic events: apo-nid6339 [R]. Canberra: CSIRO.

MOBASHERI M R, AMANI M, 2016. Soil moisture content assessment based on Landsat 8red, near-infrared, and thermal channels [J]. Journal of Applied Remote Sensing, 10 (2): 026011. DOI: 10.1117/1.JRS.10.026011.

PENG D, HUETE A R, HUANG J, et al., 2011. Detection and estimation of mixed paddy rice cropping patterns with MODIS data [J]. International Journal of Applied Earth Observation and Geoinformation, 13 (1): 13-23.

RICHARDSON A J, 1977. Distinguishing vegetation from soil background information [J]. Photogrammetric Engineering and Remote Sensing, 43 (12): 1541-1552.

SHI J, DU Y, DU J, et al., 2012. Progresses on microwave remote sensing of land surface parameters [J]. Science China-Earth Sciences, 55 (7): 1052-1078.

SMITH A B, WALKER J P, WESTERN A W, et al., 2012. The murrumbidgee soil moisture monitoring network data set [J]. Water Resources Research, 48 (7): 011976. DOI: 10.1029/2012WR011976.

WITTWER G, ADAMS P D, HORRIDGE M, et al., 2002. Drought, regions and the Australian economy between 2001-02 and 2004-05 [J]. Australian Bulleain of Lagour, 28 (4): 231-246.

XU D D, GUO X L, 2013. A study of soil line simulation from Landsat images in mixed grassland [J]. Remote Sensing, 5 (9): 4533-4550.

ZHAN Z M, QIN Q M, ABDUWASIT G, et al., 2007. NIR-red spectral space based new method for soil moisture monitoring [J]. Science in China Series D Earch Sciences, 50 (2): 283-289.

第五章 农业主要灾害遥感监测

  全球气候变化造成农业灾害频发,严重威胁了粮食安全。农业作为国民经济的基础产业,始终面临自然灾害的威胁。我国地域广阔、气候复杂,受季风气候与地理环境影响,气象灾害频发且类型多样,包括洪涝、干旱、寒潮、台风、霜冻等,每年造成数百亿元经济损失。例如,洪涝灾害因城市化扩张与生态破坏加剧,导致农作物被淹面积逐年扩大;干旱则因气候变化呈现区域性频发趋势,直接影响粮食产量稳定性。

  农业作为人类社会发展的基石,是国民经济中不可或缺的基础产业。从广袤的美洲大平原到亚洲的长江中下游平原,从欧洲的多瑙河流域到非洲的尼罗河沿岸,在全球的每个角落,无论是科技高度发达的欧美国家,还是正处于快速发展阶段的新兴经济体,农业的稳定发展都如同定海神针,牢牢维系着粮食供应的稳定、社会秩序的和谐以及经济发展的持续动力。联合国粮食及农业组织数据显示,全球超过半数的人口直接或间接依赖农业为生,农业产值在许多国家的 GDP 中占据着重要比例,足以见其对于人类生存与发展的根本意义。

  然而,农业生产始终面临着自然界的严峻挑战,各种自然灾害如影随形。干旱在全球多个地区频繁肆虐。以 2019—2020 年澳大利亚的大旱为例,持续的高温少雨天气使该国大片农田干裂,小麦、大麦等主要农作物的产量锐减超过 40%。长时间的降水不足致使土壤水分急剧亏缺,农作物根系难以吸收足够水分,光合作用因缺水而无法正常进行,叶片气孔关闭,二氧化碳无法进入,进而导致光合产物合成受阻;蒸腾作用也因缺水而受到抑制,农作物无法有效散热,体温升高,细胞内的酶活性受到影响,最终致使农作物生长发育停滞,产量大幅下降。据不完全统计,全球每年因干旱造成的农业经济损失高达数十亿美元,这还不包括因农产品供应减少而引发的食品价格波动对经济和社会造成的间接影响。

  洪涝灾害同样具有巨大的破坏力。2021 年,我国河南遭遇了罕见的特大暴雨洪涝灾害,短时间内的强降雨导致多地农田被洪水淹没。大量农作物被浸泡在水中，根系长时间缺氧，无法进行正常的呼吸作用，导致根系腐烂，植株死亡。洪水携带的泥沙还会覆盖农田，掩埋农作物，破坏土壤结构，引发严重的土壤侵蚀。据估算，此次河南洪涝灾害造成的农业受灾面积超过1 000万亩，直接经济损失达数十亿元。此外，土壤肥力的下降使得受灾农田在后续几年内的生产力难以恢复到灾前水平，对农业生产的长期发展造成了严重的负面影响。

病虫害的暴发更是让农业生产防不胜防。2019年，草地贪夜蛾首次入侵我国，这种害虫具有迁飞能力强、繁殖速度快、食量大等特点，短短几个月内就迅速蔓延至我国多个省份，对玉米、甘蔗等农作物造成了巨大威胁。据统计，当年草地贪夜蛾在我国的发生面积超过1 500万亩，造成的玉米产量损失达数十万吨。许多病虫害还具有突发性和暴发性的特点，一旦气候条件适宜，就会在短时间内大量繁殖，迅速扩散，对农作物造成毁灭性的打击。如果防控措施不及时，不仅会导致当季农作物减产甚至绝收，还可能影响翌年的农业生产，给农民带来沉重的经济负担。

面对这些频发的农业灾害，传统的监测方法显得力不从心。地面调查依赖人工实地勘查，工作人员需要深入田间地头，逐块农田进行调查。这不仅需要耗费大量的人力，在大面积受灾的情况下，往往需要动员大量的农业技术人员和志愿者；物力成本也极高，需要配备交通工具、检测设备等；而且时间成本巨大，从组织人员到完成调查，往往需要数周甚至数月的时间，难以在灾害发生的第一时间获取全面准确的信息。此外，地面调查的范围有限，对于一些偏远地区或交通不便的农田，很难做到及时、全面地监测。

气象观测站虽然能够提供一定的气象数据，但由于其分布相对稀疏，平均每万平方千米仅有几个观测站，无法精确反映农田尺度的气象变化和灾害情况。对于一些局部性的灾害，如小型冰雹、局地暴雨等，气象观测站很难捕捉到准确的信息，导致灾害发生后无法及时发现和准确评估。而且，气象观测站主要提供的是大气层面的气象数据，对于土壤水分、农作物生长状况等直接影响农业生产的关键信息，无法进行有效监测。

随着信息技术的飞速发展，遥感技术应运而生，为农业灾害监测带来了新的曙光。遥感技术通过搭载在卫星、飞机等平台上的各种传感器，能够从高空或太空对地球表面进行大面积、周期性的观测。例如，美国的 Landsat 系列卫星，每 16 天就能对地球表面同一区域进行一次观测，获取高分辨率的影像数据。通过不同波段的传感器，可以探测到农作物在遭受灾害时的各种物理和化学变化。在可见光波段，植被因灾害受损后，叶绿素含量下降，反射率发生变化，从而可以通过植被指数（如归一化植被指数 NDVI）的异常来判断农作物的健康状况；在热红外波段，能够监测农作物的温度变化，当农作物遭受干旱或病虫害时，其蒸腾作用受到影响，温度会出现异常升高；在微波波段，则可以探测土壤水分含量的变化，从而实现对干旱灾害的有效监测。利用这些信息，结合先进的图像处理和分析算法，能够实现对农业灾害的早期识别和准确监测。

本章围绕农业主要灾害的遥感监测展开，致力于深入探究遥感技术在干旱、洪涝、病虫害等灾害监测中的应用原理、方法和技术流程。通过收集多源遥感数据，充分挖掘数据中的有效信息，建立科学合理的灾害监测模型。利用机器学习、深度学习等先进的算法，对灾害特征进行自动提取和识别，提高灾害监测的精度和时效性。同时，结合地理信息系统强大的空间分析和数据管理功能，将遥感获取的灾害信息与地形、土壤、气象等多源数据进行融合分析，实现对灾害信息的空间可视化表达，为农业灾害的评估、预警和防控提供更加全面、准确的信息支持，为保障农业生产安全和全球粮食安全贡献智慧和力量。

第一节　农业遥感灾害监测重点

针对农业灾害监测、预警与评估工作存在的问题，本节以小麦、玉米重大气象灾害（小麦玉米干旱、小麦玉米倒伏、玉米洪涝）、生物灾害（小麦条锈病、白粉病、蚜虫；玉米大斑病、小斑病和黏虫）等为研究对象，开展以下研究。

一是灾害成灾机理研究：从植物生理学、作物栽培学等角度，研究灾害对作物生长过程的影响机理和与生境条件的响应关系。

二是灾害遥感监测研究：挖掘星—机—地多源遥感数据协同开展作物气象灾害、生物病虫害等重大灾害遥感监测及损失评估方法。

三是灾害发生规律研究与预警研究：探索总结区域内农业灾害发生的

规律性,综合大面积灾害发生影响因素监测结果和天气预报信息等,建立大面积农业灾害预警方法。

四是灾害遥感动态监测预警空间信息系统平台:面向农业领域研究与应用部门的需求,建立基于服务架构的集具备数据动态获取、数据智能分析、产品在线生成、成果发布与动态更新等功能于一体的农业灾害遥感动态监测预警空间信息系统平台。

第二节 技术路线

以小麦、玉米的主要农业灾害为研究对象,基于历史数据,研究灾害发生的规律;开展小区控制试验和野外大区灾害观测试验,研究作物成灾机理;基于灾害发生规律和作物成灾机理,研发以遥感数据为主的农业灾害监测、预警和评估技术;最终建立农业灾害预警与遥感监测系统,开展社会化服务。具体技术路线如下(图5-1、图5-2)。

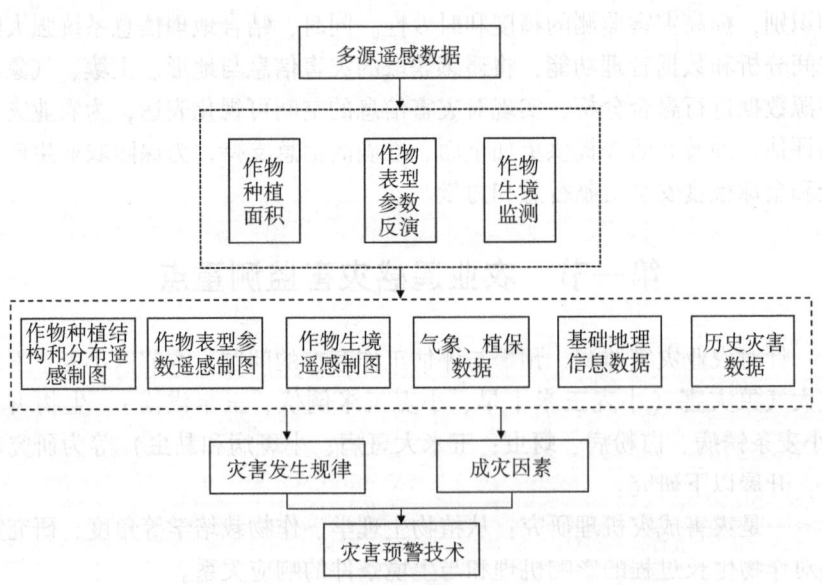

图5-1 灾害成灾规律与预警技术研究技术路线图

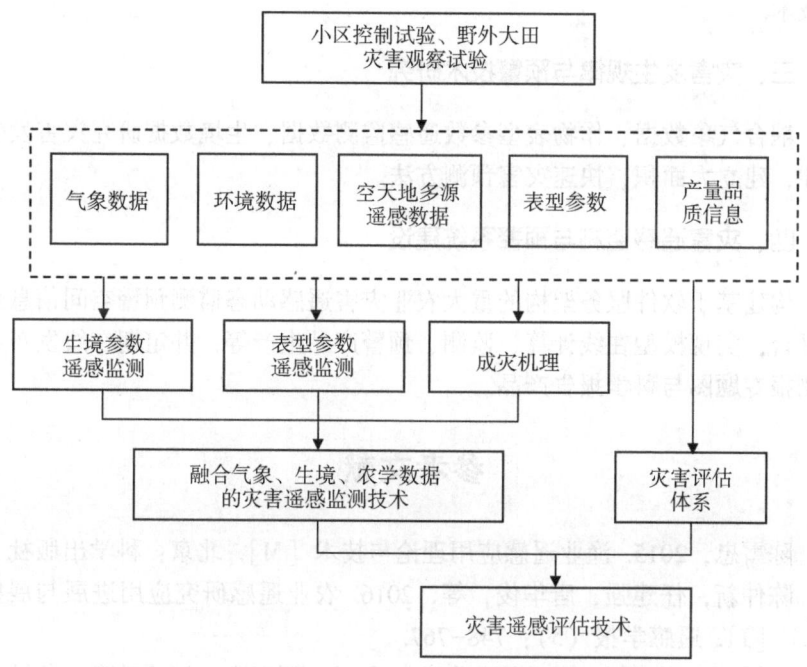

图 5-2 灾害遥感监测与评估技术研究技术路线图

第三节 实施方案

一、灾害成灾机理研究

开展农业灾害小区控制试验和野外大区灾害观测试验,记录作物生长过程表型参数变化,获取气象数据、生境数据、产量及品质数据,研究作物灾害成灾机理,通过模型量化表型参数与产量和品质之间的关系,健全灾害评估的理论依据。

二、灾害遥感监测研究

依据生态区和作物种植制度,开展作物种植分布遥感制图技术研究;开展作物表型参数和生境参数的遥感定量反演模型构建与验证;建立灾害定性遥感监测方法；基于成灾机理，研究灾害级别定量遥感监测与灾害评估技术。

三、灾害发生规律与预警技术研究

耦合气象数据、作物表型参数遥感监测数据、生境数据研究灾害发生规律，建立大面积、快速灾害预测方法。

四、灾害遥感监测与预警系统建设

构建基于软件服务架构的重大农业灾害遥感动态监测预警空间信息系统平台，实现模型在线计算、监测、预警产品生产等，并定期在线发布灾害测报专题图与科学报告产品。

参考文献

陈雪忠，2015. 渔业遥感应用理论与技术［M］. 北京：科学出版社．

陈仲新，任建强，唐华俊，等，2016. 农业遥感研究应用进展与展望［J］. 遥感学报（5）：748-767.

邓绶林，刘文彰，1992. 地学辞典［M］. 石家庄：河北教育出版社．

林文鹏，王长耀，2010. 大尺度作物遥感监测方法与应用［M］. 北京：科学出版社．

刘纪远，匡文慧，张增祥，等，2014. 20世纪80年代末以来中国土地利用变化的基本特征与空间格局［J］. 地理学报，69（1）：3-13.

刘建刚，赵春江，杨贵军，等，2016. 无人机遥感解析田间作物表型信息研究进展［J］. 农业工程学报，43（24）：98-106.

刘婷，苏伟，王成，等，2016. 基于机载LiDAR数据的玉米叶面积指数反演［J］. 中国农业大学学报，21（3）：104-111.

刘婷，王来刚，左守亭，等，2012. 河南省农业灾害遥感动态监测体系建设与应用［J］. 河南农业科学，41（7）：155-160.

蒙继华，吴炳方，李强子，等，2010. 农田农情参数遥感监测进展及应用展望［J］. 遥感信息（3）：122-127.

彭望琭，白振平，刘湘南，等，2002. 遥感概论［M］. 北京：高等教育出版社.

史舟,梁宗正,杨媛媛,等,2015. 农业遥感研究现状与展望[J]. 农业机械学报,45(2):247-260.

孙家抦,2013. 遥感原理与应用[M]. 武汉:武汉大学出版社.

唐华俊,2018. 农业遥感研究进展与展望[J]. 农学学报(1):175-179.

唐华俊,吴文斌,杨鹏,等,2010. 农作物空间格局遥感监测研究进展[J]. 中国农业科学,43(14):2879-2888.

唐华俊,周清波,刘佳,等,2015. 中国农作物空间分布遥感制图:小麦篇[M]. 北京:科学出版社.

王纪华,赵春江,黄文江,等,2008. 农业定量遥感基础与应用[M]. 北京:科学出版社.

吴炳方,2004. 中国农情遥感速报系统[J]. 遥感学报,8(6):202-205.

吴炳方,许文波,孙明,等,2004. 高精度作物分布图制作[J]. 遥感学报,8(6):688-695.

吴文会,王丽欣,马卓,2019. 基于Sentinel-1B SAR数据的洪水提取和监测[J]. 测绘与空间地理信息,42(4):110-111,118.

闫峰,李茂松,王艳姣,等,2006. 遥感技术在农业灾害监测中的应用[J]. 自然灾害学报(6):131-136.

杨鹏,吴文斌,周清波,等,2007. 基于作物模型与叶面积指数遥感同化的区域单产估测研究[J]. 农业工程学报,23(9):130-136.

张宏名,1982. 农业遥感的发展[J]. 世界农业(11):47-48.

张杰,2011. 冬小麦倒伏遥感监测研究[D]. 济南:山东师范大学.

周清波,2004. 国内外农情遥感现状与发展趋势[J]. 中国农业资源与区划,25(5):9-14.

朱建章,石强,陈凤娥,等,2016. 遥感大数据研究现状与发展趋势[J]. 中国图象图形学报,21(11):1425-1439.

ATZBERGER C, 2013. Advances in remote sensing of agriculture: context description, existing operational monitoring systems and major information needs [J]. Remote Sensing, 5: 949-981.

DEERY D, JIMENEZ-BERNI J, JONES H, et al., 2014. Proximal Remote Sensing Buggies and Potential Applications for Field-Based Phenotyping [J]. Agronomy, 4 (3): 349-379.

JIANG Z, CHEN Z, CHEN J, et al., 2014. The Estimation of Regional Crop Yield Using Ensemble-Based Four-Dimensional Variational Data Assimilation [J]. Remote Sensing, 6 (4): 2664-2681.

TANG H, LI Z, 2014. Quantitative Remote Sensing in Thermal Infrared: Theory and Applications [M]. Berlin: Springer.

THENKABAIL PRASAD S, 2010. Global Croplands and their Importance for Water and Food Security in the Twenty-first Century: Towards an Ever Green Revolution that Combines a Second Green Revolution with a Blue Revolution [J]. Remote Sensing, 2 (9): 2305-2312.

第六章 农业干旱监测研究

农业干旱是给社会经济及人民生活造成严重影响的一种自然灾害，遥感是对干旱进行大面积、实时动态监测的有效技术手段，关于农业旱情遥感监测的研究受到了学者们的广泛关注。

第一节 干旱的定义

"干旱"的定义，国内外学者存在多种不同的观点，以降水量作为衡量标准来定义干旱是最常见的一种方式。截至目前，干旱仍然被定义为一种累计降水量比期望的"正常值"偏小的现象。随着科学技术的发展，促进了对干旱认识的不断深入研究，学者们逐渐意识到仅以降水量作为衡量干旱的指标并不能完全反映其全部特征。为了更好地理解和应对干旱问题，学者们开始转变视角，从供水不能满足需水的角度出发进行研究。他们认为干旱是一种缺水状态，即供水量无法满足正常的需水量。此外，他们还指出不同类型的干旱是由于供需关系的不同而产生的。但是，由于气象水文和地理位置的地区的差异性，目前并没有一个准确并被全球学者认可的干旱定义，需要通过实际研究对象对其干旱程度进行详细的分析和界定。除了干旱概念定义种类很多之外，干旱分类方法也有多种。在多种分类方法中，美国气象学会根据影响干旱发生的自然因素的不同，将干旱分为农业干旱、气象干旱、水文干旱和社会经济干旱4种类型，这种对干旱的分类方法已经得到了国内外学者广泛认同。此外，近年来还提出了生态干旱、地下水干旱等干旱类型，但从其本质上来说，生态干旱归属于农业干旱，而地下水干旱归属于水文干旱。在公认的4种干旱类型中，气象干旱的发生能够驱动另外3种干旱的产生，被认为是另外3种干旱的基础，这意味着气象因素对于其他类型的干旱发生起着关键作用。若气象干旱类别属于轻旱状态时，对其他类型干旱影响轻微或者无影响，只有当气象干旱程度达到重旱或者特旱的时候其影响明显，此时能够用其代表其他干旱进行研究。

一、农业干旱

农业干旱通常是指在作物生长的整个生命周期中，由于降水不足、土壤含水量低且作物生长发育未能得到适时适量的农业灌溉，使得农作物的生长环境中的水分无法满足其正常的生长发育需求，最后出现农作物产量下降的现象。植被生长时供水不足而导致的森林和草原退化与农业生产产量或产值减少是农业干旱的主要体现形式，同时对社会和环境问题产生影响，给社会经济造成巨大的损失。

二、气象干旱

气象干旱指某时段内，由于蒸发量和降水量的收支不平衡，水分支出大于水分收入而造成的水分短缺现象。在干旱地区或者湿润地区都有可能发生气象干旱，降水和蒸发是气象干旱发生的两个关键因素，在某种情况下两者可以被认为是两个相互的过程。其过程表现为当降水作为下垫面的水分补给唯一来源时，降水就为各项蒸发提供了必要的水源条件；通过蒸发，水分被从地表转移到大气中，这将为形成下一次降水积累必需的水汽条件。某一区域内降水和蒸发事件理论上是一种互补的关系，当这种互补状态被打破，降水量与蒸发量之比值低于同期平均值时，则发生气象干旱。

三、水文干旱

水文干旱是一种由气象变化导致或人类社会活动引起的自然现象，其主要特征是地表或地下水收入与支出之间不平衡。通常江河的径流量、湖泊的蓄水量异常下降及水利工程蓄水量异常降低都是水文干旱的具体表现。此外，地下水位异常降低也是水文干旱的一种体现。需要注意的是，这种干旱状况主要针对流域或区域范围内的地表水和地下水。例如，大规模的抽取地下水用于农业灌溉或城市供水会导致地下水位下降，进而影响流域或区域范围内的地表水供应。此外，过度开采河流和湖泊的水资源也会导致其径流量减少以及蓄水量的异常减少，在一段时间内，当河流或水域的流量一直处于某个规定的阈值以下，就会发生水文干旱。

四、社会经济干旱

社会经济干旱指由于水资源在自然系统和社会经济系统中的供给与需求严重不匹配而引起的干旱现象。当社会和经济对水资源的需求超过了可供给的水量时,就会出现社会经济干旱情况。过去人们更加关注自然灾害引起的气候性干旱,而对于由人类活动导致的社会经济干旱关注较少,社会经济干旱涉及许多复杂因素,当前研究还处于起步阶段。

从理论层面来看,在完全自然状态下(不考虑外在因素影响),气象干旱是诱发水文干旱和农业干旱(该状态下主要为雨养农业)的唯一外在驱动因素。首先气候变化导致气象干旱发生,进而会影响土壤含水量,若土壤水分不能及时得到地下水(或灌溉)的有效补给,此时就有可能诱发农业干旱。随着气象干旱的持续加剧,地表水和地下水面承受着来自两方面的压力:一方面,由于气候干燥,下垫面水体会以蒸发或潜在蒸发的形式损失;另一方面,在农业干旱的情况下,土壤中的包气带会变得更厚,并且变得干燥。这种情况下,即使有相同降水条件下,产流量也会减少,补给地下水的水量也会减少,所有这些因素共同作用导致了水文干旱的发生。

如果考虑到人类活动的影响,各类干旱之间的关系将会变得更加错综复杂且更加难以区分。人类在日常的生产和生活活动中需要开发利用水资源,这改变了自然的水循环演变过程,在某些特殊情况下会导致地表水或地下水量减少,这种情况下,即便是没有受到气象条件的干扰,未发生气象干旱,也可能会发生水文干旱。另外,为了调配水资源,人们还修建了一系列的水利工程,当发生气象干旱时,通过水利工程调控措施人为地避免了水文干旱的发生。而在雨养农业占比较大的地区,导致农业干旱发生的主要因素仍是气象干旱。然而,地下水的严重超采等一系列的人类活动也会造成地下水位的降低或灌溉水量减少,无法补给土壤供给作物生长发育的需水量,从而诱发农业干旱。这意味着,在没有发生气象干旱的情况下,由于人类活动的影响,仍然有可能发生农业干旱。另外,在灌溉农业占比较大的地区,农业灌溉是作物生长发育吸收水分的主要水源补给途径。在通常情况下,发生气象干旱时并不会直接导致农业干旱发生,进而对作物生长发育产生直接影响。但是,当气象干旱持续发展严重到进一步引发了水文干旱的情况时,从而会限制灌溉用水量的使用,最后导致农业干旱的出现。人类可以通过采取多种措施来合理配置农业需水量，例如调整农作物的种植结构和品种等。这些措施可以帮助更好地利用水资源，提高农业产量和效率，同时可以加强抗旱能力。然而，即使进行了这些调整，如果该地区的可用水资源或灌溉条件无法满足调整后的农业需水量，那么即使没有气象干旱或水文干旱的发生，仍然可能会出现农业干旱。在某些地区，尽管天气状况和水文状况并未达到干旱标准，但在人为因素调整后的需水量超过了可供给的资源，供需失衡，导致水资源无法满足作物生长所需而引发了农业干旱。

气象、农业、水文三类干旱发生导致自然环境、人畜生活和工商业正常生活用水需求量无法得到保证，且随着时间的推移，干旱事件的严重程度不断加剧，其影响范围也逐渐扩大，最终影响社会经济领域，形成社会经济干旱的状况。

第二节 背景及意义

干旱是全球分布最广泛的自然现象之一，且其成灾后造成的损失极其严重，在全球气候异常变化和人类活动日益加强的背景下，干旱事件显示出一种发生范围广、频数高、多地区关联性强的态势。作为一种常见的自然现象，干旱已然成为一个严重威胁人类生存的环境问题，与其他自然灾害相比，它被认为是一种对农业影响最大的自然灾害类型，所造成的农业损失极其显著。农业是我国整个国民经济最基础也是最薄弱的环节。农作物生产直接关系我国的粮食安全和产区的农业增效与农民增收。近年来，我国农业灾害多发重发，农业干旱因其出现频率高、持续时间长、波及范围大，对农业经济和农民生活造成了严重影响，历来被人们所关注，已经成为世界性的重大自然灾害。根据国家统计年鉴数据显示，我国被统计的31个省、直辖市中有28个地区的粮食生产会受到干旱的显著性影响。有数据统计显示仅2006—2017年我国由干旱导致每年平均直接经济损失达到882.3亿元，如今，不仅我国北方的旱区和干旱区经常受到旱灾的影响，南方的湿润和半湿润地区也频繁遭受干旱灾害，统计数据显示，截至2020年，我国多年干旱灾情造成直接经济损失达785.2亿元。在气候变暖的背景下，我国整体呈现出暖干的态势，尤其是北方地区干旱现象愈发严重，华北平原降水量有减少的趋势，且连季或连年干旱时常发生。

山东是我国农业大省，在全国农业产业中占据重要地位。山东降水季节波动和年际变化显著，且空间分布不均匀，农业干旱发生频繁且危害严重，给山东农业生产带来了巨大的经济损失，如何减轻旱灾风险是山东面临的长期而艰巨的任务。及时准确掌握干旱发生的程度与范围是采取有效措施应对干旱灾害的前提，因此，研究干旱监测技术与预测预报方法，获取准确的干旱信息是增强抗旱工作主动性和提高防灾减灾能力的一个重要环节，对提升政府应对自然灾害能力、保障粮食安全、促进山东农业生产和社会经济可持续发展具有十分重要的意义。

传统旱情监测方法根据有限的土壤水分监测站点测定作物、植物供水不足导致生长状况受到抑制的状态，并加以定性的描述。这种方法难以准确及时地获得农业旱灾发生与发展的时空信息，具有局限性。遥感技术具有宏观、快速、大范围、经济等优势，为农业旱情监测提供了新的途径，避免了站点观测以点带面的不足。遥感技术已经成为旱情监测的一种重要手段，在农业干旱监测中发挥了重要作用。基于遥感技术可以进行大规模干旱监测和预测工作，以遥感数据产品为主要数据基础去构建综合干旱指数已经成为当下大量干旱研究学者们关注的重点研究领域，目前多种耦合多因素的干旱指数在几类干旱研究方面取得了一些研究成果。

第三节 研究现状分析

遥感技术是根据电磁波的理论，应用各种传感器对远距离目标所辐射和反射的电磁波信息，进行收集、处理，并最后成像，从而对地面各种景物进行探测和识别的一种综合技术。自人类发明第一架飞机起，航空遥感最早在军事上开始应用，此后在地质、工程建设、地图制图、农业资源调查等方面得到了广泛应用。从第一颗卫星发射升空以来，遥感技术得到了全面发展和广泛应用。随着传感器技术、航空航天技术和通信技术的不断发展，现代遥感技术已经进入一个多平台、多时相、高分辨率的新阶段。遥感技术与空间科学、电子科学、地球科学、计算机科学及其他边缘学科交叉渗透、相互融合，已逐渐发展成一门新型的地球空间信息科学。按照探测目标的能源来源不同，遥感分为主动式遥感技术和被动式遥感技术两种。按照记录信息的表现形式，遥感可分为图像方式和非图像方式两种。按照遥感器使用平台的不同，遥感一般又可分为航天、航空与地面遥感技术。遥感技术已经在陆地水资源、土地资源、植被资源、地质、城市、海洋、测绘、考古、环境调查监测和规划管理等方面得到广泛应用。

农业干旱指在作物生长发育过程中,因降水不足和灌溉不及时导致土壤含水量过低不能满足作物的正常需水,而造成作物减产的现象。体现干旱程度的关键因素是土壤含水量。因此,利用遥感进行干旱监测的直接目标就是土壤含水量。遥感基于电磁波理论,干旱前后作物体内生化组分含量、冠层结构发生了变化,传感器接收到的电磁波也随之变化,将干旱受灾前后的电磁波信息进行对比分析即可获得作物受灾情况。国内外关于干旱遥感监测的研究工作已经开展了很长时间,农业上几乎所有的农作物都面临干旱灾害的影响,利用遥感及其他数据的支持,获得准确的土壤含水量,建立旱情监测与评估方法。目前国内外学者常采用热惯量法、植被供水指数法、绿度指数法、距平植被指数法、微波遥感法、热红外遥感法、土壤水分光谱法等进行土壤含水量光谱反射特性的研究,其中应用较为成熟的方法有热惯量法、植被供水指数法、距平植被指数法和微波遥感法等。

一、热惯量法

热惯量是物质对温度变化产生热反应的一种量度,反映的是物质与周围环境能量交换的能力。热惯量法是应用较为成熟的一种遥感监测土壤水分的方法。热惯量反映的是土壤的一种热学特性,其原理是根据水分较大的热容量和热传导率使含水量较高的土壤具有较大的热惯量。土壤热惯量与土壤含水量之间存在一定的相关性,土壤的热容量、热传导率随土壤含水量的增加而增大,土壤热惯量也随土壤含水量的增加而增大。

土壤表面温度的日较差是由土壤内外因素共同决定的。内部因素主要指反映土壤传热能力的热导率和反映土壤储热能力的热容量;外部因素是指太阳辐射、空气温度、相对湿度、风、云、水汽等所引起的地表热平衡。因此在利用遥感信息反演土壤热惯量时,需要大量地面数据的支持,不仅需要考虑太阳辐射、大气吸收和辐射、土壤热辐射和热传导等效应外,还应考虑到蒸发、凝结和地气间对热流交换等效应,参数多,计算较为复杂。

1971 年 Watson 最早应用了基于热惯量法的模型。1975 年 Price、Kahle A. B. 根据热量平衡和热传导理论,改进了土壤热惯量模式,将感热通量(H)、潜热通量(E)以及地表热通量(G)综合为地表辐射能量。Price 提出了表观热惯量（Apparent Thermal Inertia，ATI）的概念，即忽略地面纬度、太阳偏角、日照时数和日地距离的影响，只考虑土壤反射率和地表温度变化。土壤的表观热惯量可通过对土壤反射率和地表温度变化的遥感反演间接获取。在实际应用中，通常使用表观热惯量来近似替代真实热惯量，根据地表热量平衡方程和热传导方程建立表观热惯量（ATI）与土壤含水量之间的遥感信息反演模型。地表昼夜温差小，表观热惯量大，则土壤含水量高；地表昼夜温差大，表观热惯量小，则土壤含水量低。我国从 20 世纪 90 年代初开始在热惯量模型的理论和试验研究方面取得了较大的进展。张树誉等采用 MODIS 数据，通过建立表观热惯量与土壤湿度间的线性经验模型，对陕西 2005 年 2 月上旬至 3 月下旬发生的春旱过程进行了监测试验。纪瑞鹏等利用修正后的地表温度日较差计算热惯量反演得到土壤湿度，对辽宁多年的旱情进行了监测。郭茜等利用 NOAA/AVHRR 卫星资料，用表观热惯量法反演浅层土壤水分。热惯量法反演土壤含水量需要对研究区昼夜两幅遥感图像进行严格配准，通过亮温得到昼夜温差。由于遥感图像受到云的影响，很难得到同一研究区昼夜无云的图像，因而计算昼夜温差的精度很难保证。当土壤植被覆盖度高时，由于受到植被蒸腾及土壤水分交换的影响，反演土壤含水量时的精度会大大降低。

二、植被供水指数法

植被供水指数是以地表温度和植被指数为监测指标的一种综合监测干旱的方法。其原理是当植物供水不足导致作物缺水死亡时，归一化植被指数会急剧下降而叶表面温度迅速升高。植被供水指数（Vegetation Supply Water Index，VSWI）的定义：

$$VSWI = NDVI/T_s$$

式中，VSWI 为植被供水指数；T_s 为植被冠层温度；NDVI 为归一化植被指数。

植被供水指数法的物理意义可描述为：当植被供水正常时，遥感信息反映的植被指数在一定生长期内保持稳定；如遇发生旱情，植被生长受到水分胁迫，为减少水分损失，植物叶片气孔会部分关闭，从而导致叶面温度增高，植被冠层温度升高，同时植被供水不足，生长受到影响，遥感信息所反映的植被指数将降低。张春桂等利用 NOAA/AVHRR 资料采用植被供水指数法对2001—2002年福建发生的冬春连续干旱灾害进行了动态监测。邓玉娇等采用植被供水指数对广东2004年10月发生的干旱情况进行了监测。植被供水指数在应用于MODIS数据时，由于MODIS数据得到的NDVI比NOAA/AVHRR数据得到的NDVI更容易饱和，所以在将VSWI应用到高密度高生物量植被时，其监测精度就会下降。张树誉等对VSWI进行了改进，将模型中的NDVI改用增强型植被指数（EVI），以提高对生物量区的敏感性，并对陕西2005年4月上旬至5月下旬的春旱进行了监测。利用NDVI与温度建立的TVDI指数模型也在农业干旱监测方面取得了良好的效果。TVDI用于监测大尺度的干旱状况具有很强的优势，王海等分析了云南2009—2010年农业干旱的时空变化情况。朱小强等以MODIS温度和植被指数产品数据反演了TVDI，验证了TVDI的监测效果良好，并分析研究得到新疆的艾比湖地区干旱越来越明显。薄燕飞等利用TVDI分析了2005—2014年河北春季干旱时空变化特征，认为TVDI可以很好地反映河北春季干旱时空变化特征。陈斌等证明了TVDI不只适用于农耕区，还适用于草原地区，且能动态监测旱情变化。刘立文等以MODIS数据产品为基础数据，验证了TVDI可以很好地监测吉林的农业干旱状况，得到不同作物生长时期应用不同植被指数来反演干旱结果的结论。Liang等利用MODIS数据来获取TVDI，分析了2001—2010年中国干旱的时空分布状况，采用相关性分析法进行影响因素分析，认为日照时间是中国北部及西北部干旱发生的主要影响因素。姚春生等利用MODIS数据获取TVDI来反演新疆土壤湿度，通过野外实测数据验证了TVDI可以用于新疆地区的干旱监测。NASA团队发布的MODIS产品数据集，为TVDI模型提供了数据来源，其高时空分辨率、广泛的覆盖面积使实时监测大范围地区的干旱状况成为可能，国内学者基于MOD11和MOD13数据利用温度植被干旱指数法，分析陕西2000—2015年春季旱情时空分布，并取得了较好的研究结果。吴欣睿等采用MODIS数据对松嫩平原的土壤湿度进行了时间序列的分析研究，证明了MODIS数据反演出的TVDI与土壤相对湿度的整体相关性较好。

三、距平植被指数法

距平植被指数定义：

$$ATNDVI = TNDVI - \overline{TNDVI}$$

$$TNDVI = MAX\ [NDVI\ (t)]$$

式中，ATNDVI 为距平植被指数；TNDVI 为当年观测同期旬植被指数，取旬 NDVI 最大值；t 为天数；$\overline{TNDVI}$ 为同期各年归一化植被指数（NDVI）的平均值。

一般情况下，一定地区的光照和温度条件变化不大，植被生长状况主要和水分相关，水分供应量就成为植被生长的关键因素。距平植被指数法就是从植被长势的角度出发，当土壤水分供应充足时，植被生长良好；反之植被生长受到抑制。该方法需要累积多年的遥感资料求取出常年（旬）平均植被指数，然后将当年观测同期时段内的植被指数与常年平均值比较，以此判断作物生育状况，进而对作物的受旱程度进行评价。徐英等使用距平植被指数法，利用 NOAA/AVHRR 资料对 2000 年夏季黑龙江的特大干旱进行了监测。根据距平植被指数将旱情分为了严重干旱、受旱、正常 3 个等级，并对植被指数相对距平图进行了监督分类，生成干旱监测伪彩色图，计算出了农作物各类受灾面积。周咏梅用垂直植被指数距平对青海牧区草场旱情进行了监测；杨胜天等分别利用 1982—1998 年降水和气温气象数据，以及 AVHRR 的 NDVI 遥感数据计算了黄河流域气候干旱指数和距平 NDVI，从气候和植被特征方面分析了黄河流域 18 年来干旱变化状况。

四、微波遥感法

微波遥感监测是目前研究较多的土壤水分监测方法之一。微波遥感具有全天候、多极化、对土壤层具有一定透射能力的特点。农业旱情微波遥感监测的方法主要有被动微波法和主动微波法两种。通常被动微波遥感成本低，时间分辨率高，但空间分辨率低；主动微波遥感成本高，空间分辨率高，但时间分辨率低。无论是被动微波遥感还是主动微波遥感，其反演结果都受到地表粗糙度和植被的影响。如何降低或消除地表粗糙度和植被的影响，是当前微波遥感的一个重要研究方向。Tansey 和 Moeremans 的研究表明，在裸地和稀疏植被地区，近地表土壤湿度与后向散射系数之间有很高的相关性，并且认为地表粗糙度对于土壤水分的监测有很大影响；李震等综合主动和被动微波数据以及光学数据监测土壤湿度变化，减少了植被的影响，提高了土壤湿度变化监测的精度；刘伟等尝试用极化分解技术克服地表粗糙度和植被的影响，较好地估算了植被覆盖地表的土壤湿度变化,但该方法要求时间分辨率较高,同时必须是全极化数据,当前的星载微波传感器难以达到这种要求;Rajat Bindlish 利用改进的 IEM 模型,得到了与实际土壤湿度相关性高达 0.95 的反演结果。微波遥感不受云的干扰,可以全天候使用,尽管受地表参数影响较大,但其对土壤水分的估算精度仍较高,是土壤水分监测极具潜力的方法。但当前微波遥感通常只能反演土壤表层的湿度,而作物根系通常都在 10~20cm,因此应用于农业旱情监测有一定的局限性。

近年来,我国农业干旱频繁发生且危害严重,准确的旱情监测具有重要意义。农业干旱涉及农业、气象、水文、植物生理等众多学科,是一种复杂的现象,很难对其进行准确监测。遥感数据包含着丰富的地表综合信息,遥感技术应用于旱情监测具有较大的潜力。目前,国内外学者在农业干旱遥感监测技术方法研究领域取得一系列的成果,并探索出了一些可行的方法及途径,其中较为成熟的方法有热惯量法、植被供水指数法、距平植被指数法和微波遥感法等。各种监测技术具有各自的优缺点,其适用性和精度都有待于进一步的改进和提高。

(1) 热惯量法优点是方法简单、参数易获取,适宜应用于裸地/低植被覆盖区,缺点是适用范围较窄。

(2) 植被供水指数法优点是参数明确、精度较高,适宜应用于中高植被覆盖区,缺点是植被冠层温度获取困难。

(3) 距平植被指数法优点是意义明确,适宜应用于中高植被覆盖区,缺点是需要累积多年遥感资料、监测结果存在滞后性。

(4) 微波遥感法的优点是全天候、精度高,适宜应用于裸地/植被覆盖区,缺点是监测土壤有效深度浅、成本较高。

鉴于现有农业旱情遥感监测技术各自的优缺点,进一步的农业旱情监测研究,应加强作物生理、形态指标与土壤水分含量指标的结合。现有可用的遥感数据源较多,积极开展新型遥感数据源在农业干旱监测中的应用研究,例如高分一号遥感数据的应用;进一步考虑利用多个卫星传感器同时对农业旱情进行监测,综合雷达数据和可见光数据的优势,使监测结果更加全面、准确、及时。利用遥感方法的优势,解决技术实用化问题,开发建设面向全国范围的旱情遥感监测业务化系统,将是一个极具挑战的研究工作。

五、农业干旱预警

干旱预测是干旱管理和预警工作中不可或缺的重要组成部分,由于农业干旱的影响较大,可靠的农业干旱预测对农业规划和管理具有重要作用。气象干旱与农业干旱之间联系密切,一些以气象变量为依据的干旱指标,例如标准化降水指数(SPI)和标准化降水量蒸散指数(SPEI)已被用于评估农业干旱;同时,也有使用植被指数来描述农业干旱的方法,例如归一化植被指数(NDVI)、植被状况指数(VCI)和植被健康指数(VHI)。因为农业干旱发生不仅受到气候影响,还涉及很多的其他非气象影响因素(作物、土壤等),这就形成了农业干旱促成因素和潜在驱动因素的复杂性,因此进行农业干旱预测研究工作也较其他干旱研究更为复杂。综合对比当下已有的各种农业干旱指数,已有研究将农业干旱指数划分为基于降水量、基于土壤含水量以及综合性干旱指数的预测方法。降水是农田水分的主要来源之一,通过以降水作为影响因子来研究农业干旱,可以获得关于农业干旱发生程度和趋势的大致信息。VAN BAVEL等采用日降水量和Penman公式对土壤含水量进行了评估,并且第一次指出了农业干旱这一概念,基于降水量的农业干旱常用的指标有帕尔默干旱指数(PDSI)、标准化降水蒸发指数(SPEI)、标准降水指数(SPI)、Z指数等。应用降水数据信息研究农业干旱预测,通常是借鉴气象干旱预测建模技术,这种预测方式简便易操作,可以通过分析历史降雨数据和建模来对未来的干旱演变规律进行计算推测。然而,这种方法存在一个缺点,即无法提供对作物所遭受的干旱程度进行具体描述的信息。

干旱源于气象干旱的降水不足,但从气象干旱到农业干旱的演变传递并不是瞬时的,而是由复杂的物理机制所主导的。农业干旱通常与土壤湿度紧密相关,土壤水分异常亏缺会直接影响植物生长及最终作物产量。有研究者在进行农业干旱预测研究时,直接利用土壤水分或其他与土壤水分有关的指标,他们基于区域农田内部水量平衡关系,使用土壤水分指标构建农业干旱预测模型,土壤水分持续性可以为干旱预测提供有用的信息,并已被普遍用作参考预测,例如,土壤水分百分位数(SMP)、土壤水分状态指数(SMCI)、土壤水分亏缺指数(SMDI)、标准土壤湿度指数(SSI)。国外一部分农业科学家通过对土壤水分含量的进一步深化研究,指出了关于墒情预报的理论,并将其应用在指导农田灌溉工作中。如今，一些发达国家已经在土壤墒情研究方面取得了不错的成果，其监测水平也得到了大幅度的提升，成效显著，我国应用土壤水分信息对农业干旱预测研究起步较晚。研究者将农业干旱预测研究方法主要划分为两类，一类为确定性方法，如基于水量平衡、经验公式、水动力学、消退指数等原理的预测方法；另一类为随机性方法，如回归分析方法、统计回归模型方法、神经网络模型方法和时间序列模型方法等。我国在农业干旱研究中交叉学科研究现象非常普遍，与气象学、数学、生态学、软件工程和计算机技术等学科紧密相连，其研究方法越来越多样化，不同的方法间各有其独特的优劣特性，因此各类干旱指标确立的预报模型具有明显的区域特征。

农业干旱是一种复杂的自然现象，它不仅仅由单一因素引起，而是受到多个因素的综合影响。当前，常见的农业干旱预测方法主要是依据干旱指标进行预测研究，通过数理统计方法来构建预测模型，如时序分析、周期分析以及多元回归分析等，这些方法对历史数据进行统计和分析，探索干旱发生与发展的规律性，并将这些规律性应用于未来的预测中。在近些年，通过运用各种指标来构建的干旱预测模型，已经在防旱抗旱的工作中起到了至关重要的作用。由于干旱现象具有非线性的特点，因此在研究应用中，神经网络方法被广泛使用。然而，神经网络存在一定的局限性，它难以处理干旱过程中的非平稳性，这可能会影响预测的准确性。另外，由于时间序列数据中包含有滞后成分，神经网络方法在处理这类数据时可能会出现过拟合的情况。提高预测能力已经成为共识，而实现这一目标的一种方法是使用深度神经网络，它已经显示出比传统方法更强大的能力。近年来，人工智能（AI）算法在干旱预测中的应用受到了广泛的重视，研究表明，人工智能算法优于传统方法，如人工神经网络（ANN）、支持向量机（SVM）、决策树（DT）、随机森林（RF）和自适应神经模糊推理系统（ANFIS）等。BP神经网络的性能优于支持向量机和遗传算法，两者的性能相当接近。另外，机器学习（ML）技术已经在干旱预测过程中取得了成功，越来越受欢迎，包括支持向量机、支持向量回归、随机森林、决策树、逻辑回归、朴素贝叶斯、线性回归、梯度增强树、K近邻、自适应神经、模糊推理系统、前馈神经网络、马尔可夫链、贝叶斯网络、隐马尔可夫模型、自回归移动平均、进化算法、深度学习等。

农业干旱的发生是一个涉及气象、陆面过程和人类活动的综合因素影响的复杂结果，因此在对其进行预测时，如果只将单个指标作为影响因子，虽然也能够大致反映出旱情的发展情况，但却无法充分展现农业干旱与气象、土壤及作物系统之间的紧密关联，从而无法完全描绘出农业干旱的特性。单一指数大多只能反映农业干旱的一个具体方面，缺乏对农业干旱复杂特征的识别能力，不能综合反映干旱事件的多尺度特征及其带来的多重影响，因此农业干旱预测必然需要多个与其相关的变量指数来综合描述其复杂的干旱情况。计算机技术的迅速发展和普及给农业干旱研究带来了便利，同时结合卫星遥感技术，顺势产生了一种集合多指标、多种数学方法和多模型耦合的干旱预测方法。例如，综合了地表温度和归一化植被指数以及降水指数的尺度干旱条件指数（SDCI），基于遥感数据和 BP 神经网络的综合农业干旱指数（IDI），基于植被干旱响应指数（VegDRI）的概念，通过数据挖掘手段创建的综合地表干旱指数（ISDI），这些综合多因素的研究方法构建的农业干旱预测模型相较于基于单一指数构建的预测模型显现出了更高的精确性、适用性和实用性。Javed 等综合对比不同农业干旱指数，得出 MSDI 在中国大陆农业干旱研究方面表现较好。梁箫基于站点数据计算得出的 SPEI，使用 NAR 神经网络方法对河南农业干旱进行预测研究，应用结果较好。干旱预测研究大多集中在气象干旱和水文干旱方面，综合多种预测手段对农业干旱的预测研究还比较有限。农业干旱相较于气象干旱，其涵盖范围更为广泛。农业干旱不仅涉及气候条件，还与土壤含水量、作物生长期内的有效降水量紧密相关，同时受到农业生产活动和作物实际需水量的影响。由于农业干旱预测受影响因素较多，在不断变化的环境下进行农业干旱预测仍然存在着挑战。在气象和水文干旱研究方面，越来越多的机器学习方法被证明是有效建立干旱预测模型的工具，随着机器学习方法的高速发展，许多新方法（包括数据挖掘技术）尚未在干旱预测中得到全面系统的研究。在干旱发生之前，任何一种对其预测结果产生改善的方法都值得探索，尽管近年来混合模型技术取得了重大进展，但还没有出现最佳预测方法的新技术。因此，干旱预测仍然是一个热点研究问题，对干旱进行有效的、高精度预测仍然需要进一步深入研究和探索。在干旱预测模型研究中我们可以尝试集成不同的机器学习（深度学习）方法、多指标、多种数学方法和多模型耦合，以提高模型的预测性能，能够为地区农业干旱预测工作提供新的技术支持。

第四节 冬小麦干旱遥感监测及预警研究

针对当前我国旱灾频发、农业生产管理和政府防灾减灾的需求,采用空间观测、地面调查与实验相结合的方法,以冬小麦为研究对象,研究不同生育期冬小麦的光谱和时相特征,建立基于遥感技术的冬小麦及其生育期的遥感识别方法;在分析不同生育期大田冬小麦植被指数-温度二维空间分布的基础上,确定"热边"与"冷边"的计算方法;分析研究土壤含水量与冬小麦冠层温度-植被指数的相关关系,构建不同生育期冬小麦干旱遥感监测模型;统计冬小麦历史旱情发生时的特征,结合分析长时序卫星数据和气象数据,捕捉冬小麦干旱发生的前兆信息,建立冬小麦干旱预警模型,实现冬小麦旱情的实时监测与预警,为农业生产和抗灾减灾提供有效的数据支持,促进农业生产、保障粮食安全和区域可持续发展。

一、拟解决的关键问题

1. 冬小麦关键生育期的识别

不同生育期冬小麦对水分的需求存在显著差异,且干旱胁迫对处于不同生育期冬小麦的影响也不同,因此,结合作物的生育时期进行旱情监测才具有实际指导意义,冬小麦关键生育期的识别是干旱监测结果有效性的关键前提。常规的作物物候观测方法以人工记录为主,费时费力,且观测范围有限。在大范围的作物物候期提取中,若能建立一种研究区内冬小麦关键生育期的观测方法,则能大幅提高冬小麦种植区旱情监测精度,从而促进农业生产。

2. 植被指数-温度二维空间"热边"和"冷边"的确定

植被指数-温度形成的二维空间可有效地反映大田作物的干旱程度,但是如何确定二维空间中的两个边界,即"热边"和"冷边",是基于植被指数和温度数据进行农田旱情监测的一个关键。实际大田背景下,"热边"和"冷边"并非理想的线性特征,恰当地提取二维空间中的两个边界有利于正确反映大田的干旱情况,如何确定两个边界是研究需要解决的一个重要问题。

3. 冬小麦干旱前兆信息的捕捉

冬小麦干旱遥感预警的前提在于干旱前兆信息已知。下垫面和农田管理的复杂性加大了农田旱情预兆信号捕捉的难度，因此，如何充分利用多源数据资料捕捉冬小麦干旱的前兆信息成为干旱预警的关键。

二、主要研究内容

针对当前农业生产管理、政府防灾减灾的需求，利用卫星遥感数据、气象、地形、土壤、土地利用、农业灾情资料、农业统计资料等数据，基于遥感、地理信息系统和全球定位系统技术，采用空间观测与地面调查、实验相结合的方法，以冬小麦为研究对象，开展冬小麦旱情的遥感监测和预警研究，研究内容主要包括冬小麦及其关键生育期的遥感识别、冬小麦旱情的遥感监测方法研究、干旱预警模型研究3个方面。

1. 冬小麦及其关键生育期的遥感识别

不同生育期小麦生长需要的田间持水量存在明显差异，因此，明确冬小麦不同生长期是进行小麦种植区土壤墒情和旱情评估的前提依据。在开展不同土壤水分条件、不同生长季（返青期、拔节期和抽穗期）冬小麦冠层光谱和土壤背景信息田间获取的基础上，根据现有的作物物候遥感提取方法，结合冬小麦不同生育期的光谱特征及土壤背景信息，建立一种适用于冬小麦关键物候期的遥感识别方法。

2. 冬小麦旱情的遥感监测方法研究

基于野外测量数据（土壤水分、植被覆盖度、植被冠层光谱数据及下垫面的平均温度），研究不同生育期冬小麦对干旱胁迫的光谱响应；分析植被指数和地表温度的二维空间分布，阐释二维空间热边界和冷边界的物理意义，探索"冷边"和"热边"的计算方法；在此基础上，探讨土壤含水量与冬小麦冠层温度-植被指数的相关关系，构建基于温度-植被指数的旱情监测模型，并利用地面观测数据对模型进行检验和进一步优化，以提高模型精度和实用性；对比地面观测数据和基于模型的旱情卫星反演数据，对监测模型进行检验和进一步优化，以保证模型的实用性和精度；同时利用一定的数据融合模型，将"点"干旱监测模型向 GF/TM/MODIS 等不同时空分辨率的遥感数据扩展，实现基于遥感技术的冬小麦特定生育期干旱状况的"面"监测。

3. 干旱预警模型研究

基于已收集的冬小麦旱情历史资料，统计分析冬小麦旱情发生的时段、区域、范围、频率和等级信息，结合地面观测数据以及长时间序列的卫星遥感数据，尝试捕捉冬小麦旱情发生的前兆信息，建立基于遥感数据和气象数据的冬小麦干旱预警模型，实现冬小麦干旱的自动预警。

三、技术路线

采用地面实验和遥感监测相结合的方法，以冬小麦为研究对象，研究不同生育期冬小麦的光谱和时相特征，建立基于遥感技术的冬小麦及其生育期的遥感识别方法；深入研究不同生育期大田冬小麦植被指数-温度二维空间分布，探索"热边"与"冷边"的最佳确定方法，构建冬小麦干旱遥感监测模型；统计冬小麦历史旱情发生时的特征，结合分析长时序卫星数据和气象数据，捕捉冬小麦干旱发生的前兆信息，建立冬小麦干旱预警模型，实现冬小麦旱情的实时监测与预警，为农业生产和抗灾减灾提供有效的数据支持。技术路线见图6-1。

1. 数据收集、处理

收集整理研究区域气象、水文、土壤土质、土地利用、遥感影像数据、旱情统计数据以及冬小麦历史地面观测数据。对土壤土质、土地利用及遥感影像等空间数据进行几何校正，将数据统一到相同的存储格式和坐标系中；整理地面观测获取的非遥感数据，并根据采样点坐标信息或相关信息，将其转换为矢量数据，构建基础数据库。

2. 野外实验

开展不同土壤信息背景下的冬小麦野外观测，确定冬小麦的关键生育期；参阅冬小麦生长的农学指标，设定不同生育期冬小麦的3种土壤水分情景：正常、少量缺水、严重缺水，获取不同生育期3种情景下冬小麦冠层的光谱响应，并同步测量土壤水分含量、下垫面温度、植被覆盖度及冬小麦长势参数等，并测量同期其他地物的光谱信息。

3. 冬小麦及其关键生育期的遥感识别

分析不同生育期冬小麦的光谱特征和时间变化特征，确定冬小麦与同期其他植被的光谱差异，建立可区分冬小麦及其关键生育期的特征指数，采用面向对象的方法实现冬小麦及其关键生育期的遥感识别，获取区

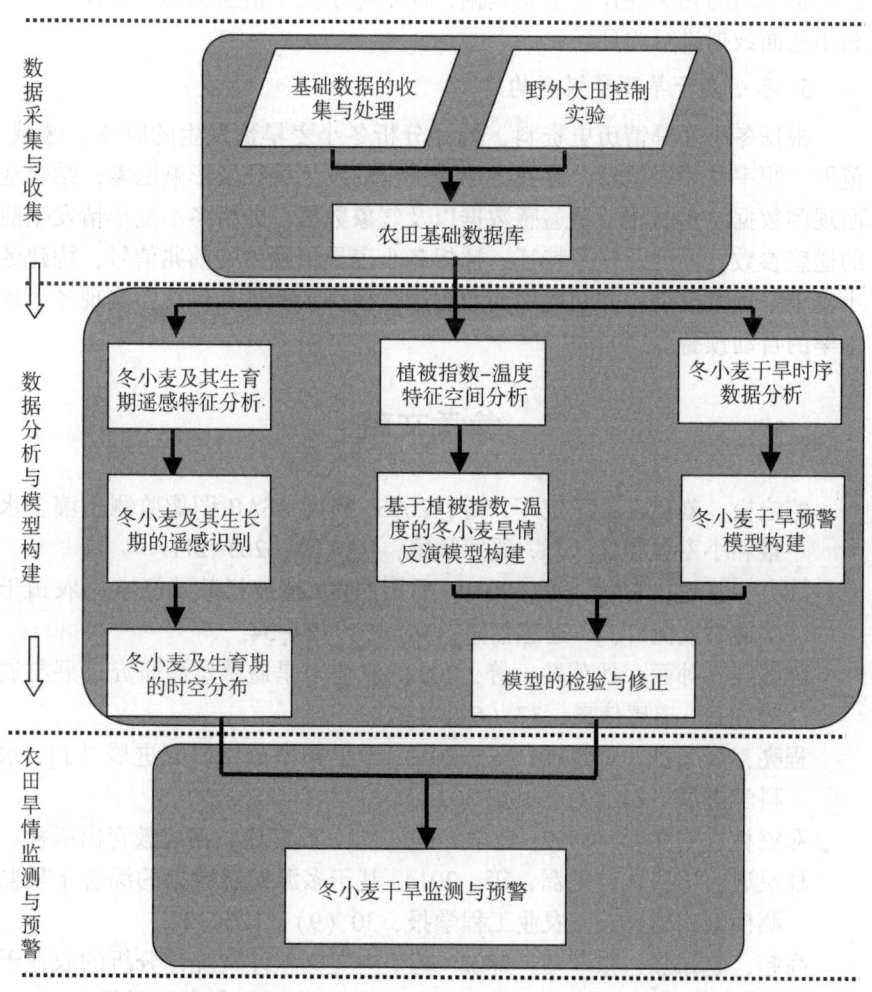

图 6-1 技术路线图

域的冬小麦种植信息和生育期。

4. 冬小麦干旱监测模型构建

基于地面测量数据,计算不同生育期的冬小麦植被指数,绘制并分析植被指数-温度的二维空间分布,研究二维空间"热边"和"冷边"的最佳计算方法。以累计降水量、累计降水距平值以及土壤表层含水量与植被温度指数间的相关性作为主要判据,确定冬小麦旱情监测的最佳模型,并利用地面数据进行验证。

5. 冬小麦干旱预警模型构建

根据冬小麦旱情历史资料,统计分析冬小麦旱情发生的时段、区域、范围、频率及等级信息,寻找冬小麦干旱的发生特征及影响因素;结合地面观测数据、多时相卫星遥感数据以及气象数据,分析冬小麦旱情发生前的遥感参数、温度及气象特征,捕捉冬小麦旱情发生的前兆信号,构建冬小麦干旱预警模型;并利用地面数据进行模型的验证和优化,实现冬小麦干旱的自动预警。

参考文献

鲍艳松,刘良云,王纪华,等,2006. 利用 ASAR 图像监测土壤含水量和小麦覆盖度 [J]. 遥感学报,10 (2):263-271.

陈亮,张超,常斌,等,2019. 通用温度-植被指数特征空间农田干旱遥感监测 [J]. 遥感信息,34 (5):29-34.

陈媛媛,孙丽,杜英坤,等,2022. 农业干旱遥感监测研究进展与展望 [J]. 遥感信息,37 (6):1-7.

程亮,金菊良,郦建强,等,2013. 干旱频率分析研究进展 [J]. 水科学进展,24 (2):296-302.

邓绶林,刘文彰,1992. 地学辞典 [M]. 石家庄:河北教育出版社.

杜灵通,田庆久,王磊,等,2014. 基于多源遥感数据的综合干旱监测模型构建 [J]. 农业工程学报,30 (9):126-132.

高超,赵强强,张菲菲,2022. 基于中文文献计量统计分析的农业干旱灾害研究进展 [J]. 华北水利水电大学学报(自然科学版),43 (2):1-9.

郭英,沈彦俊,赵超,2011. 主被动微波遥感在农区土壤水分监测中的应用初探 [J]. 中国生态农业学报,19 (5):1162-1167.

韩兰英,张强,程英,等,2020. 农业干旱灾害风险研究进展及前景分析 [J]. 干旱区资源与环境,34 (6):97-102.

江笑薇,白建军,刘宪峰,2019. 基于多源信息的综合干旱监测研究进展与展望 [J]. 地球科学进展,34 (3):275-287.

蒋桂芹, 裴源生, 翟家齐, 2012. 农业干旱形成机制分析 [J]. 灌溉排水学报, 31 (6): 84-88.

李华朋, 张树清, 高自强, 等, 2013. MODIS 植被指数监测农业干旱的适宜性评价 [J]. 光谱学与光谱分析, 3 (3): 756-761.

李卫国, 2013. 农作物遥感监测方法与应用 [M]. 第 2 版. 北京: 中国农业科学技术出版社.

李新尧, 杨联安, 聂红梅, 等, 2018. 基于植被状态指数的陕西省农业干旱时空动态 [J]. 生态学杂志, 37 (4): 1172-1180.

李玉中, 程延年, 安顺清, 2003. 北方地区干旱规律及抗旱综合技术 [M]. 北京: 中国农业科学技术出版社.

刘立文, 段永红, 徐立帅, 等, 2020. 山西省农业干旱时空变化特征 [J]. 灌溉排水学报, 39 (2): 114-121.

刘立文, 张吴平, 段永红, 等, 2014. TVDI 模型的农业旱情时空变化遥感应用研究 [J]. 生态学报, 13 (2): 1-10.

刘宪锋, 朱秀芳, 潘耀忠, 等, 2015. 农业干旱监测研究进展与展望 [J]. 地理学报, 70 (11): 1835-1848.

刘兴文, 冯勇, 1987. 应用热惯量编制土壤水分图及土壤水分探测效果 [J]. 土壤学报, 24 (3): 272-325.

柳钦火, 辛景峰, 辛晓洲, 等, 2007. 基于地表温度和植被指数的农业干旱遥感监测方法 [J]. 科技导报, 25 (6): 12-18.

马红章, 柳钦火, 闻建光, 等, 2010. 裸露地表土壤水分的 L 波段被动微波最佳角度反演算法 [J]. 农业工程学报, 26 (11): 24-29.

莫兴国, 胡实, 卢洪健, 等, 2018. GCM 预测情景下中国 21 世纪干旱演变趋势分析 [J]. 自然资源学报, 33 (7): 1244-1256.

聂建亮, 武建军, 杨曦, 等, 2011. 基于地表温度-植被指数关系的地表温度降尺度方法研究 [J]. 生态学报, 31 (17): 4961-4969.

钱莉莉, 贺中华, 梁虹, 等, 2019. 基于降水 Z 指数的贵州省农业干旱时空演化特征 [J]. 贵州师范大学学报 (自然科学版), 37 (1): 10-14, 19.

乔姗姗, 潘红卫, 雷宏军, 等, 2017. 基于累积相对湿润指数的遵义市农业干旱特征研究 [J]. 灌溉排水学报, 36 (8): 109-114.

屈艳萍, 吕娟, 程晓陶, 等, 2016. 干旱相关概念辨析 [J]. 中国水利水电科学研究院学报，14（4）：241-247.

宋艳玲，2022. 全球干旱指数研究进展［J］. 应用气象学报，33（5）：513-526.

宋扬，房世波，卫亚星，2016. 农业干旱遥感监测指数及其适用性研究进展［J］. 科技导报，34（5）：45-52.

粟晓玲，姜田亮，牛纪苹，2021. 生态干旱的概念及研究进展［J］. 水资源保护，37（4）：15-21，28.

粟晓玲，张更喜，冯凯，2019. 干旱指数研究进展与展望［J］. 水利与建筑工程学报，17（5）：9-18.

孙家抦，2009. 遥感原理与应用［M］. 第2版. 武汉：武汉大学出版社.

唐华俊，2018. 农业遥感研究进展与展望［J］. 农学学报（1）：175-179.

王晨鹏，黄萌田，翟盘茂，2022. IPCC AR6报告关于不同类型干旱变化研究的新进展与启示［J］. 气象学报，80（1）：168-175.

王富强，闫旭，杨欢，2018. 贾鲁河流域农业干旱时空演变特征研究［J］. 华北水利水电大学学报（自然科学版），39（6）：59-65.

王利民，刘佳，杨玲波，等，2018. 农业干旱遥感监测的原理、方法与应用［J］. 中国农业信息，30（4）：36-51.

吴炳方，2004. 中国农情遥感速报系统［J］. 遥感学报，8（6）：202-205.

吴炳方，许文波，孙明，等，2004. 高精度作物分布图制作［J］. 遥感学报，8（6）：688-695.

夏传花，贺中华，梁虹，等，2021. 贵州省2006—2015年粮食生长季农业干旱时空变化研究［J］. 中国农村水利水电（5）：25-30.

许小峰，2014. 中国气象灾害年鉴［M］. 北京：气象出版社.

严小林，张建云，鲍振鑫，等，2016. 海河流域农业干旱演变情势分析［J］. 水资源与水工程学报，27（3）：221-225.

杨青青，2020. 地理学视角的农业干旱研究进展［J］. 华北水利水电大学学报（自然科学版）（1）：27-34，64.

杨绍锷，闫娜娜，吴炳方，2010. 农业干旱遥感监测研究进展［J］. 遥感信息（1）：103-109.

杨树聪, 沈彦俊, 郭英, 等, 2011. 基于表观热惯量的土壤水分监测 [J]. 中国生态农业学报, 19 (5): 1157-1161.

杨晓华, 杨小利, 2010. 基于 Z 指数的陇东黄土高原干旱特征分析 [J]. 干旱地区农业研究, 28 (3): 248-253.

姚远, 陈曦, 钱静, 2019. 遥感数据在农业旱情监测中的应用研究进展 [J]. 光谱学与光谱分析, 39 (4): 1005-1012.

余涛, 田国良, 1997. 热惯量法在监测土壤表层水分变化中的研究 [J]. 遥感学报, 1 (1): 24-32.

袁星, 马凤, 李华, 等, 2020. 全球变化背景下多尺度干旱过程及预测研究进展 [J]. 大气科学学报, 43 (1): 225-237.

张静, 魏伟, 庞素菲, 等, 2020. 基于 FY-3C 和 TRMM 数据的西北干旱区干旱监测与评估 [J]. 生态学杂志, 39 (2): 690-702.

张明炷, 黎庆淮, 石秀兰, 2009. 土壤学与农作学 [M]. 第 3 版. 北京: 中国水利水电出版社.

张强, 韩兰英, 郝小翠, 等, 2015. 气候变化对中国农业旱灾损失率的影响及其南北区域差异性 [J]. 气象学报, 73 (6): 1092-1103.

张强, 张良, 崔显成, 等, 2011. 干旱监测与评价技术的发展及其科学挑战 [J]. 地球科学进展, 26 (7): 763-778.

张仁华, 1990. 改进的热惯量模式及遥感土壤水分 [J]. 地理研究, 9 (2): 101-112.

张仁华, 孙晓敏, 朱治林, 等, 2002. 以微分热惯量为基础的地表蒸发全遥感信息模型及在甘肃沙坡头地区的验证 [J]. 中国科学 (D 辑), 32 (12): 1041-1050.

赵海燕, 张强, 高歌, 等, 2010. 中国 1951—2007 年农业干旱的特征分析 [J]. 自然灾害学报 (4): 201-206.

赵金彩, 2019. 气候变化背景下未来中国水资源供应安全评估 [D]. 上海: 华东师范大学.

赵少华, 杨永辉, 邱国玉, 等, 2008. 基于双时相 ASAR 影像的土壤湿度反演研究 [J]. 农业工程学报, 24 (6): 184-188.

朱业玉, 潘攀, 匡晓燕, 等, 2011. 河南省干旱灾害的变化特征和成因分析 [J]. 中国农业气象, 32 (2): 311-316.

朱永豪，邓仁达，卢亚非，等，1984. 不同湿度条件下黄棕壤光谱反射率的变化特征及其遥感意义 [J]. 土壤学报, 21 (2)：194-202.

BOWERS S A, HUNKS R J, 1965. Reflection of radiant energy from soils [J]. Soil Science, 100 (2)：135-138.

CALVET J C, WIGNERON J P, WALKER J, et al., 2011. Sensitivity of passive microwave observations to soil moisture and vegetation water content：L-band to W-band [J]. Transactions on Geoscience Remote Sensing, 49 (4)：1190-1199.

CARLSON T N, 1986. Regional scale estimates of surface Luoisture availability and thermal inertia using remote thermal measurements [J]. Remote Sensing of Environment, 1：197-247.

CHEN H, LIANG Z, LIU Y, et al., 2018. Effects of drought and flood on crop production in china across 1949-2015：spatial heterogeneity analysis with bayesian hierarchical modeling [J]. Natural Hazards, 92 (1)：525-541.

CHIA CHOU, JOHN C. H. CHIANG, CHIA-WEI LAN, et al., 2013. Increase in the range between wet and dry season precipitation [J]. Nature Geoscience, 6 (4)：263-267.

DAI A, 2011. Drought under global warming：a review [J]. Wiley Interdisciplinary Reviews：Climate Change, 2：45-65.

ENYU D, FANG C, HUICONG J, et al., 2023. Spatiotemporal Evolution and Hysteresis Analysis of Drought Based on Rainfed-Irrigated Arable Land [J]. Remote Sensing, 15 (6)：1689. DOI：10.3390/rs15061689.

EVERITT J H, ESCOBAR D E, 1989. Using multispectral video imagery for detecting soil surface condition [J]. Photogrammetric Engineering and Remote Sensing, 55 (4)：467-471.

GENG S, YAN D, YANG Z, et al., 2018. Characteristics Analysis of Summer Maize Yield Loss Caused by Drought Stress in the Northern Huaihe Plain, China [J]. Irrigation and Drainage, 67 (2)：251-268.

HU T, DIJK A, RENZULLO L J, et al., 2020. On agricultural drought monitoring in Australia using Himawari-8 geostationary thermal infrared observations [J]. International Journal of Applied Earth Observation and Geoinformation, 91: 102153. DOI: 10.1016/j.jag.2020.102153.

JAVED TEHSEEN, et al., 2021. Drought characterization across agricultural regions of China using standardized precipitation and vegetation water supply indices [J]. Journal of Cleaner Production, 313: 127866. DOI: 10.1016/j.jclepro.2021.127866.

LESK COREY, ROWHANI PEDRAM, RAMANKUTTY NAVIN, 2016. Influence of extreme weather disasters on global crop production [J]. Nature, 529 (7584): 84-87.

MATTAR C, 2012. A combined optical - microwave method to retrieve soil moisture over vegetated areas [J]. IEEE Transactions on Geoscience Remote Sensing, 50 (5): 1404-1413.

N NICOLAI - SHAW, GUDMUNDSSON L, HIRSCHI M, et al., 2016. Long - term predictability of soil moisture dynamics at the global scale: Persistence versus large-scale drivers [J]. Geophysical Research Letters, 43 (16): 8554-8562.

NJOKU E G, JACKSON T J, LAKSHMI V, et al., 2003. Soil moisture retrieval form AMSR-E [J]. IEEE Transactions on Geoscience Remote Sensing, 41 (2): 215-229.

PRICE J C, 1985. On the analysis of thermal infrared imagery: The limited utility of apparent thermal inertia [J]. Remote Sensing of Environment, 18: 59-73.

SHAO D, CHEN S, TAN X, et al., 2018. Drought characteristics over China during 1980-2015 [J]. International Journal of Climatology, 38 (9): 3532-3545.

SHUTKO A M, 1982. Microwave radiometry of lands under natural and artificial moistening [J]. IEEE Transactions on Geoscience and Remote Sensing, 20 (1): 18-26.

TJA B, YI L, SR C, et al., 2020. Performance and relationship of four different agricultural drought indices for drought monitoring in China's mainland using remote sensing data - ScienceDirect [J].

Science of The Total Environment, 759: 143530. DOI: 10.1016/j.scitotenv.2020.143530.

TOUMA D, ASHFAQ M, NAYAK M A, et al., 2014. A multi-model and multi-index evaluation of drought characteristics in the 21st century [J]. Journal of Hydrology, 259: 196-207.

WATSON K, ROWNEN L C, OFFICELD T W, 1971. Application of thermal modeling in the geologic interpretation of IR images [J]. Remote Sensing of Environment, 3: 2017-2041.

WENWEN G, SHENGZHI H, QIANG H, et al., 2023. Precipitation and vegetation transpiration variations dominate the dynamics of agricultural drought characteristics in China [J]. The Science of the total environment, 898: 165480. DOI: 10.1016/j.scitotenv.2003.165480.

YING PAN, YONGHUA ZHU, et al., 2023. Accuracy of agricultural drought indices and analysis of agricultural drought characteristics in China between 2000 and 2019 [J]. Agricultural Water Management, 283: 108305. DOI: 10.1016/j.agwat.2023.108305.

ZENGCHAO HAO, VIJAY P. SINGH, YOULONG XIA, 2018. Seasonal Drought Prediction: Advances, Challenges, and Future Prospects [J]. Reviews of Geophysics, 56 (1): 108-141.

ZHANG Q, YAO Y, YAOHUI L I, et al., 2020. Causes and Changes of Drought in China: Research Progress and Prospects [J]. Journal of Meteorological Research, 34 (3): 460-481.

ZHANG Y, HAO Z, FENG S, et al., 2021. Agricultural drought prediction in China based on drought propagation and large-scale drivers [J]. Agricultural Water Management, 255 (11): 107028. DOI: 10.1016/j.agwat.2021.107028.

第七章 农作物倒伏遥感监测研究

农作物倒伏是影响农业生产的重要灾害之一，严重威胁着粮食安全和农业可持续发展。本章围绕农作物倒伏的遥感监测展开深入研究，系统阐述农作物倒伏的相关概念、成因及危害，详细介绍了遥感技术的原理、特点及在农业领域的应用基础。通过对不同类型遥感数据（光学遥感、雷达遥感等）在农作物倒伏监测中的优势与局限性分析，探讨了基于多种遥感数据源的农作物倒伏监测方法和技术流程。同时，研究了结合机器学习、深度学习等智能算法提高农作物倒伏监测精度的途径。此外，对农作物倒伏监测的精度评估、误差来源分析及在实际农业生产中的应用案例进行了分析研究，旨在为农作物倒伏的科学监测和有效防控提供理论支持与技术参考，推动农业遥感技术的发展和应用。

第一节 农作物倒伏的相关概念、成因及危害

一、农作物倒伏的概念

农作物倒伏是指农作物在生长过程中，由于受到各种内外因素的影响，植株茎秆失去支撑能力而发生倾斜或倒地的现象。根据倒伏的程度和形态，农作物倒伏可分为根倒伏、茎倒伏和茎折倒伏 3 种类型。

根倒伏指农作物根系在土壤中固定不牢，在外部作用力（如大风、暴雨等）的作用下，植株连同根系一起从土壤中拔出或倾斜。茎倒伏指作物的茎秆因外力作用而发生不同程度的倾斜或弯曲，有时甚至下折。这常是由于茎的节间尤其是下部节间延伸过长、机械组织发育不良，或是由于茎秆细弱、节根少，遇到大风或其他机械作用，茎的中下部承受不住穗部或植株上部的重量而引起的。茎秆受病虫为害的植株，也容易发生弯折。茎折倒伏指农作物茎秆在外部作用力的作用下发生折断，植株失去了生长能力。

二、农作物倒伏的成因

气象因素是导致农作物倒伏的主要原因之一。大风、暴雨、洪涝等极端天气事件会对农作物造成严重的机械损伤，导致植株倒伏。例如，在台风多发地区，强风会使农作物茎秆承受巨大的风力，当风力超过茎秆的承受能力时，就会发生倒伏。此外，暴雨和洪涝会使土壤变得松软，降低土壤对农作物根系的固定能力，从而增加了根倒伏的风险。

土壤的物理性质和肥力状况也会影响农作物的抗倒伏能力。土壤质地疏松、透气性好、肥力充足的土壤有利于农作物根系的生长和发育，使根系能够更好地固定植株，提高抗倒伏能力。相反，土壤质地黏重、透气性差、肥力不足的土壤会导致农作物根系生长不良，根系对植株的固定能力减弱，容易发生倒伏。

不同品种的农作物在抗倒伏能力上存在差异。一些品种的农作物茎秆粗壮、韧性好、根系发达，具有较强的抗倒伏能力；而一些品种的农作物茎秆细弱、韧性差、根系不发达，抗倒伏能力较弱。在农业生产中，选择抗倒伏能力强的品种是预防农作物倒伏的重要措施之一。

不合理的栽培管理措施也会导致农作物倒伏。例如，种植密度过大，会使农作物植株之间相互竞争养分、水分和光照，导致植株生长细弱，抗倒伏能力下降。此外，施肥不合理、浇水过多或过少、病虫害防治不及时等也会影响农作物的生长发育，增加倒伏的风险。

三、倒伏的危害及防治措施

农作物倒伏会降低光合作用效率，影响籽粒灌浆和果实发育，从而导致产量大幅下降。例如，水稻在抽穗期倒伏，会使稻穗不能正常接收阳光照射，影响光合作用，导致稻谷空瘪率增加，产量降低。作物倒伏还会影响农产品的品质。倒伏后的农作物容易受到病虫害的侵袭，导致农产品的品质下降。例如，小麦倒伏后，麦穗容易接触地面，增加了感染病虫害的机会，导致小麦的蛋白质含量降低，品质变差。农作物倒伏会使收获难度增加，降低收获效率。倒伏后的农作物植株杂乱无章，难以使用机械进行收获，需要人工进行收割，增加了劳动力成本和收获时间。农作物倒伏会给农民带来巨大的经济损失。产量损失和品质下降会导致农产品价格降低，同时，收获困难也会增加生产成本，从而降低农民的收入。

为了预防和控制倒伏现象的发生，农业生产者可以采取以下措施。在选择作物品种时，应优先考虑茎秆粗壮、根系发达、抗倒伏能力强的品种。在施肥过程中，应根据作物的生长需求和土壤肥力状况来制定科学的施肥方案，避免过量施用氮肥导致作物生长过旺而容易发生倒伏。同时，适量施用磷肥和钾肥有助于增强作物的茎秆强度和根系发育，提高作物的抗倒伏能力。及时进行除草、松土、灌溉等工作，为作物创造良好的生长环境。另外，还应注意控制种植密度和植株高度，避免作物之间的竞争过于激烈而发生倒伏现象。在作物生长过程中，应及时发现并采取有效的措施来防治病虫害的侵袭。这有助于减少作物因病虫害而出现的生长不良和倒伏现象的发生。

第二节 背景及意义

农作物作为人类生存和发展的基础，其生长状况直接关系粮食安全和农业经济的稳定。然而，在农作物生长过程中，倒伏是一种常见且危害严重的现象。农作物倒伏不仅会导致农作物产量大幅下降，还会增加收获难度和成本，影响农产品质量。例如，小麦在灌浆期倒伏，会使光合作用效率降低，籽粒灌浆不充分，导致千粒重下降，产量损失可达20%~50%甚至更高。在玉米的生长阶段，由于品种特性、栽培管理、病虫灾害和外部环境等因素，玉米在抽雄期、灌浆期很容易遭受倒伏威胁。近年来随着全球气候变暖，各种极端天气频繁出现，玉米倒伏发生的可能性也在增大。每年7—9月气温最高且雨多风大，此阶段玉米处于生长最为关键时期，茎秆生长较快，而茎秆内部的机械组织又相对幼嫩、脆弱，遇到大风强降雨天气，很容易发生倒伏。过度追求高产，玉米种植密度过大，进而导致植株群体内部的通风和透光性不佳，植株的株高和穗位增高，重心上移，使得茎的抗倒伏能力减弱。研究表明，种植密度与倒伏发生率呈正相关。玉米倒伏发生后，自身的光合作用、养分水分输送受到严重影响，而且其折断伤口处更易遭受病虫害的侵袭，导致玉米穗粒数减少和籽粒存在瘪粒，进而使玉米籽粒的产量、品质下降。倒伏发生的时间、类型不同，对产量造成的影响也不同。据统计，倒伏导致的玉米减产一般可达15%~30%，严重区域可达50%甚至绝收。

目前，倒伏灾害已经被纳入农业保险体系之中，这加强了农业生产的抗风险能力，同时对农业生产具有非常好的促进作用。随着全球气候变化的加剧，极端天气事件（如暴雨、大风、洪涝等）的频率和强度不断增加，农作物倒伏的发生概率也相应提高。准确地监测农作物倒伏情况，对于及时采取有效的补救措施、减少产量损失、保障粮食安全具有重要意义。

传统的作物倒伏监测大多是依靠人工实地调研现场情况，以获取倒伏相关的信息，但玉米倒伏发生的时间、地点和范围具有极强的不确定性。这种方法受经验性、主观性影响较大且不适用于大范围的倒伏监测。遥感技术作为一种高效、快速、大范围的对地观测技术，能够实时获取农作物的生长信息，为农作物倒伏监测提供了有力的手段。通过对遥感数据的分析，可以快速准确地识别农作物倒伏区域，评估倒伏程度，为农业生产管理和决策提供科学依据。因此，开展农作物倒伏遥感监测研究具有重要的现实意义。

第三节 研究现状分析

农作物倒伏的发生会造成多种损失，包括产量减少、籽粒品质下降，以及农机作业困难，对田间管理也会带来严重影响。因此，及时、有效地监测作物倒伏对于农户、农业农村部门以及农学专家来说都具有重大的意义。倒伏发生后，作物的高度和冠层茎叶之比发生了较大的变化，这些变化对光学传感器的光谱反射率和雷达传感器的后向散射系数都会产生影响，为作物倒伏的遥感监测手段提供了理论基础。作物倒伏的研究可以通过光学遥感和雷达遥感两个方面进行。在光学遥感方面，常用的监测手段包括地面 ASD 光谱仪、多光谱无人机、高光谱无人机、热红外无人机及多光谱卫星等。而在雷达遥感方面，常用的监测手段包括地面背包雷达、无人机激光雷达及卫星合成孔径雷达等。本节将分别介绍光学遥感和雷达遥感在作物倒伏研究方面的现状。

一、基于光学遥感的倒伏监测

光学传感器监测作物倒伏主要依据倒伏作物与正常作物之间的光谱变化和空间变异性。许多学者已经通过地面模拟实验对倒伏作物的光谱变化进行分析。Fitch 等研究了小麦光的线性偏振，以确定其在检测作物形态差异方面的潜力，结果发现小麦的偏振值因倒伏而增大。赵佳佳等通过人工模拟不同程度冬小麦倒伏的光谱，发现倒伏小麦冠层的光谱反射率大于正常小麦，倒伏后小麦红边的位置、幅度和面积都会发生变化。Ogden 等利用稻田中的电动相机来研究如何利用数字图像中的纹理信息来测量倒伏的程度。他们开发了一种定量方法来监测作物倒伏程度，范围从不倒伏到完全倒伏。Liu 等使用高光谱技术监测倒伏水稻和非倒伏水稻。实验得到，虽然倒伏作物（400~2 350nm）的光谱特征形状与未倒伏作物相似，但光谱振幅显著增加。这为光学传感器监测作物倒伏提供了重要的理论支撑。传统的人工法需要测量人员深入受灾田间，对每个倒伏点进行倒伏面积和倒伏级数的调查与记录。倒伏面积使用直尺测量，倒伏级数则用目测法估测茎秆的倾斜度数，然后根据公式可计算出小区的倒伏指数。这种方法仅适用于倒伏程度与倒伏面积都较小的田块。在大范围倒伏灾害发生的情况下，传统人工测量方法的工作效率较低，无法满足实际要求，而且其测量结果受主观影响较大。低空遥感监测作物倒伏最开始由航天飞机携带相机对受灾区域进行拍照和监测。1987 年，Gerten 和 Wiese 使用航空摄像机识别冬小麦倒伏。由于密度切片方面的问题，以及缺乏具有增强图形能力的微型计算机，对倒伏面积的低估程度很高。这种方法成本较高，数据获取困难，且花费时间较长。随着无人机和遥感技术的大力发展，作物倒伏的监测手段呈现多样化。无人机技术具有成本低、时间分辨率高、空间分辨率高、可在多云条件下飞行等特征，是近些年作物倒伏监测重要研究方向。通过无人机搭载 RGB 相机、高光谱相机和多光谱相机可以实现快速、灵活地对作物倒伏进行监测。董锦绘等利用无人机搭载数码相机对倒伏小麦的面积进行提取，因为实验的特殊性，倒伏小麦与非倒伏小麦不需要光谱等其他信息，可以通过数码相机直接提取。然而在一般的研究中，由于受地理位置和周围其他作物的影响，数码相机已经不能满足地物分类的精度。李宗南等利用无人机搭载 RGB 相机通过颜色与纹理特征成功区分了玉米倒伏与非倒伏区域，平均误差仅为 4.7%，减少了搭载普通彩色数码相机时的误差。但是基于色彩分析倒伏情况，倒伏与非倒伏区域边界区分模糊，且容易受到氮肥处理的影响。Constantinescu 等研究了小麦和大麦品种的归一化反射 RGB 光谱，并确定了不同波段之间明显不同的光谱特征。在倒伏小麦中，红、绿波段的归一化反射率均低于蓝波段，而在倒伏大麦中，红、绿波段的归一化反射率均低于非倒伏大麦的归一化反射率。此外，Zhang等对小麦倒伏（在可见光-近红外区域）进行了定性分析，发现倒伏区域在红外图像中显示为鲜红色调。Chapman等也报道了类似的结果，他们还报告了热成像在监测倒伏区域中的重要性。他们发现，在白天和夜间的热像中，倒伏区域都显得更热（表面温度更高）。此外，还有许多使用无人机进行倒伏监测的研究。毛智慧等通过无人机获取受灾区域的数字表面模型（DSM），将DSM与图像色彩结合，使用分类的方法提取玉米倒伏的区域，结果表明，DSM所代表的冠层高度差异信息与图像色彩特征具有良好的互补性，可以显著提高玉米倒伏的监测精度。张新乐等针对完熟期玉米的4种作物形态，构建5种面向倒伏玉米的特征组合，对这些特征进行玉米倒伏的提取与精度评价，结果表明，多类纹理特征对倒伏玉米的提取比光谱反射率与植被指数特征精度更高。赵静等使用支持向量机递归、Relief F和套索算法对无人机多光谱影像获得的特征进行特征筛选，有效地提高了玉米倒伏的提取精度。申华磊等提出了一种融合多尺度特征的玉米倒伏分割模型Attention_ U2-Net实现小麦倒伏面积的提取，结果表明，Attention_ U2-Net比FastFCN、U-Net、U2-Net、FCN、SegNet、DeepLabv3等模型在提取小麦倒伏面积方面具有更强的鲁棒性和准确率。以上研究从无人机的传感器RGB、多光谱和高光谱及分类算法传统的机器学习算法到深度学习算法对无人机监测作物倒伏进行了详细的介绍，然而，作物倒伏的发生往往具有大范围、随机性的特征，无人机监测相较于卫星遥感平台监测较大范围的作物倒伏所花的人力物力更加昂贵，对大尺度玉米倒伏的监测并不适用。卫星遥感观测地球的视角较高，相较于人工测量法和无人机测量法更适合大面积作物倒伏监测。目前国内外已经利用光学遥感技术对作物倒伏进行相关研究。光学卫星遥感监测作物倒伏一般是从影像的光谱反射率、植被指数和纹理特征等方面进行研究。早期时候，Coquil等使用Spot卫星遥感影像研究小麦、玉米、大豆等作物的叶面积指数（LAI）、叶片含氮量和生物量估测作物的倒伏风险。这为遥感影像监测作物倒伏的后续研究形成了重要的技术积累。随后，刘良云等通过分析小麦倒伏角度与光谱反射率的变化关系，利用陆地资源卫星Landsat 8遥感影像计算的归一化植被指数（NDVI），成功监测了小麦的倒伏程度。其他研究在上面研究的基础上提出了更有效的作物倒伏监测方法。2015年，崔怀洋等对冬小麦不同时期倒伏的冠层光谱曲线进行研究后发现，利用760nm处的小麦冠层反射率和差值植被指数（DVI）可以有效评估小麦的倒伏程度。2016年，李宗南等利用获取的灌浆期Worldview-2多光谱遥感影像，通过分析倒伏玉米的光谱、纹理等特征，提出了玉米倒伏面积最优估算方法。2020年，Zhou等利用倒伏后实测玉米倒伏比例及倾角构建倒伏灾情指标，并利用随机森林算法和偏最小二乘构建玉米倒伏灾情遥感监测模型，实现了区域尺度下玉米倒伏灾情等级划分。Chauhan等使用多时相Sentinel-2遥感影像监测冬小麦倒伏等级，通过Kruskal Wallis和Tukey事后两两检验分析，结果表明，红边（740 nm）和NIR（865nm）区分正常冬小麦与倒伏冬小麦效果最好。王杰等基于HJ-1A/BCCD遥感影像数据分析了归一化植被指数（NDVI）、比值植被指数（RVI）、增强植被指数（EVI）、差值植被指数（DVI）及HJ-1A/BCCD的4个波段光谱反射率主成分对倒伏玉米与正常玉米的影响，结合二元Logistic回归模型进行玉米倒伏的识别，其中4波段主成分构建的二元Logistic回归模型识别精度最高。2021年，Chen等通过构建光谱和指数对高分一号（GF-1）遥感影像数据监测倒伏作物进行了探究，通过对倒伏玉米的识别讨论了GF-1遥感影像监测倒伏玉米的潜力。陆洲等使用Sentinel-2遥感影像构建光谱与纹理特征，通过光谱特征、植被指数与纹理特征的分析，最终选择使用NDVI、RVI、DVI和地表水分指数以及红光波段的纹理均值构建决策树分类模型，倒伏水稻的提取精度可达92.0%。以上研究从不同传感器、不同方法及不同特征介绍了光学卫星遥感监测作物倒伏的研究现状，然而基于光学遥感影像监测大尺度作物倒伏严重程度的研究仍然较少，但是对大尺度作物倒伏严重程度的监测是有重要意义的，它将有助于农业农村部门对农作物倒伏灾情的及时把控，进而对农作物做出补救措施和种植结构的调整。本节使用GF-1 WFV遥感影像作为数据源，构建倒伏前后的光谱、植被指数和纹理的差值特征，通过Games-Howell事后两两检验与基于交叉验证的递归特征消除算法（RFECV）筛选监测对玉米倒伏严重程度的敏感特征组合，并结合随机森林算法（RF）实现基于光学遥感影像县域尺度玉米倒伏严重程度的监测。

二、基于雷达遥感的倒伏监测

雷达遥感不受云雨天气的影响，可以实现全天候全天时对地表的监测，而且雷达遥感对作物的结构信息和水分比较敏感。相较于光学遥感，雷达遥感可以提供另一个研究地表监测的角度，如极化信息和相位信息。

2014年，欧洲航天局发射了Sentinel-1号遥感卫星，并且向全球开放，极大地促进了雷达遥感技术在各行各业的研究。目前，雷达遥感在农业领域中的应用主要是作物识别、作物长势参数的获取、长势监测、产量评估、土壤水分含量反演和作物收割后残渣评估。这些研究为雷达遥感监测作物倒伏的相关研究积累了大量的理论经验。

雷达遥感中使用较为普遍的是合成孔径雷达（SAR）。SAR监测作物是通过被测植株对雷达自身微波信号发射的回波来获取所需特征信息。SAR不依赖阳光，也有一定的穿透力，因此不受云、雾和雨水等影响，可以实现24 h工作，并且对群体结构产生的变化很敏感。倒伏的作物表现出不对称的偏振行为，而不是直立植被在方位方向上描述的对称行为，因此根据SAR数据进行的观测在作物倒伏评估中是可能的。当前SAR监测农作物倒伏主要分为地基SAR和卫星遥感SAR。地基合成孔径雷达系统（如散射计）拥有多种传感器配置（如多极化、多频率等）可用于研究雷达数据对作物倒伏的响应。例如，Bouman和Van Kasteren等利用多参数散射计数据定量估计倒伏引起的雷达后向散射变化。Ulaby等和Balenzano等通过研究确定了SAR对植被结构变化的独特敏感性。基于雷达的卫星数据研究倒伏问题的研究是在2015年之后大量出现的，而且一般监测作物规模超过3 000hm^2。在此之前，SAR卫星数据用于作物倒伏评估的潜力尚未确定。SAR监测作物倒伏的研究大致可以分为两种：倒伏作物区域的识别和倒伏严重程度的分级。Yang等利用目标分解技术从5幅连续的Radarsat-2全极化遥感影像中提取了一组后向散射强度特征和偏振特征，研究倒伏小麦与未倒伏小麦在不同生育期的差异，提出了一种极化指数的方法，实现了将倒伏小麦与未倒伏小麦区分开来。Zhao等使用Radarsat-2遥感影像中的圆形相关系数表征倒伏小麦和倒伏油菜，结果表明，极化雷达（PolSAR）监测倒伏的效果与作物的冠层结构有关。Chen等基于Radarsat-2遥感影像构建极化特征的时间序列来减弱甘蔗生长条件对倒伏监测的影响，并与单时相数据进行对比，研究发现，单时相识别倒伏甘蔗比较困难，而极化特征的时间序列可以有效地对甘蔗倒伏进行识别。Dai等建立了一个5个回波系数与5个极化分解参数结合起来的决策树模型，该模型可以使水稻倒伏区域的提取精度达到84.38%。以上研究表明，先进的偏振参数，如散射比、偏极相关系数等，以及时间序列数据和优秀的分类模型，可以提高对作物的倒伏区域和未倒伏区域的区分精度。Wu 等将由 Sentinel-1 号遥感影像得到的后向散射系数与由 Sentinel-2 号遥感影像计算的植被指数结合提取倒伏水稻区域。两种数据源的结合下，水稻倒伏区域的提取精度相较于单一数据源有了极大的提高。Wang 等使用 Sentinel-1 号遥感影像和 Sentinel-2 号遥感影像对水稻倒伏区域进行识别。对构建的光谱特征和 SAR 特征，分别经过筛选，得到最优光谱指数与最优 SAR 特征。使用两种最优特征一起进行水稻倒伏区域的提取，其精度可以达到 91.29%，比仅使用光学特征或 SAR 特征的结果提高了 2.91% 和 6.05%。以上就是近年来使用 SAR 识别倒伏区域的研究。

然而，倒伏区域的识别在实际中并不能完全满足农户、农业农村部门与保险公司的相关需求，所以进行倒伏区域内等级的合理划分是必要的。雷达遥感进行倒伏严重程度的监测主要难点在于倒伏区域情况复杂，以及雷达遥感影像本身具有一定的噪声点，对倒伏严重程度监测影响较大。Han 等利用来自哨兵 1 号数据的高度信息建立了玉米的定量倒伏分类模型。这是利用 SAR 数据对倒伏事件进行定量建模的第一步。Shu 等使用植株高度变化来计算倒伏角度，并根据倒伏角度建立了玉米倒伏监测模型，整体精度达到 67%，推动了玉米倒伏监测定量分类模型的相关研究。Chauhan 等利用 Sentinel-1 和 Radarsat-2 估算小麦的倒伏角度，根据倒伏角度和倒伏面积评价研究区内农作物的倒伏严重程度，与野外数据结合使用偏最小二乘判别分析法建立倒伏严重程度判别模型，其基于 Radarsat-2 数据进行倒伏判别，精度最高可以达到 72%，Kappa 系数为 0.6 有效促进了作物倒伏监测定量分类模型的发展。除此之外，还有一些研究将优秀的图像分类算法引入作物倒伏研究中以提高作物倒伏的提取精度。如 Ajadi 等基于 Sentinel-1A 遥感影像数据使用改进的隐马尔科夫随机场对美国的爱荷华州和伊利诺伊州进行倒伏风险的制图。Guan 等使用空间聚合的方法与随机森林算法结合建立了双极化和四极化作物倒伏面积估计模型，这种方法有效地减弱了传统基于像素方法易受斑点噪声和空间异质性的影响。目前，使用雷达遥感影像进行玉米倒伏严重程度监测的研究比较少，且分类精度较低，这与倒伏现场情况的复杂程度与雷达遥感影像的成像机理有关。然而雷达遥感影像可以克服云雨天气的干扰，可以创造时相更密集的对地观测数据集，对倒伏区域进行连续观测，这对捕捉倒伏发生后的冠层变化是非常有利的。

本节基于 Sentinel-1 遥感影像，构建多种雷达遥感特征，使用

Jeffreys-Matusita（J-M）距离对特征进行时相和特征的筛选，通过 Time-weighted Dynamic Time Warping（TwDTW）算法对正常玉米、轻度倒伏玉米、中度倒伏玉米与重度倒伏玉米进行识别，实现县域尺度雷达遥感倒伏严重程度的监测。

第四节　基于地面样方调查的小麦倒伏遥感监测研究

利用遥感技术及时获取小麦倒伏信息，对于农业农村部门指导小麦倒伏后的农业生产、灾害评估等具有重要的意义。本节在山东鲁西、鲁西南地区小麦倒伏样方调查的基础上，选用小麦倒伏前后两期环境与灾害监测小卫星数据，探讨了利用遥感影像监测小麦倒伏的基本理论和方法。首先，根据小麦灌浆期不同组分的光谱特性，解释倒伏小麦光谱变化的原因；其次，分析倒伏小麦在可见光和近红外波段的光谱反射特点，寻找小麦倒伏遥感监测的敏感波段；最后，利用敏感波段建立植被指数，讨论了小麦倒伏发生程度的遥感监测问题。

一、研究背景

小麦是我国主要农作物之一，其历年种植面积分别占总耕地面积的 22%~30%、粮食作物总面积的 22%~27%，主要分布在河南、河北、山东、山西、陕西、江苏、四川、安徽等省份。小麦在生长过程中，经常受到倒伏的威胁。小麦倒伏一般发生在小麦抽穗期至成熟期。倒伏后，小麦植株水分、养分的运转及光合作用都会降低，还会诱发各种病虫害。小麦倒伏灾害一般会带来 20%~30% 的减产，倒伏越早，减产越多。小麦倒伏的原因比较复杂，小麦植株偏高，茎秆偏细、韧性差，品种抗倒伏性能低是小麦倒伏的内因；播种量过大、肥料过多，造成小麦长势过旺，耕作层过浅、病虫害防治不到位，会导致小麦植株整体"头重脚轻"，类似的耕作、栽培管理技术不当是小麦倒伏的人为诱导因素；如遇大风、暴雨等自然气象因素很容易形成灾害，恶劣的气象条件是倒伏的主要自然诱导因素。

植物是遥感观测和记录的第一表层，是遥感图像反映的最直接信息，人们通过多光谱遥感技术获取植物光谱变化信息，达到直接监测植被长势、病虫害及生物量估算的目的。小麦倒伏前后，植被群体结构发生了明显改变，从而影响和改变了小麦植被的冠层光谱特征。本节在小麦倒伏样方调查的基础上，通过分析小麦倒伏前后的植被冠层光谱特征变化，探讨倒伏小麦遥感监测的基本理论和方法。

二、材料准备

1. 地面样方调查

2013年5月25—27日，山东省多地遭遇大到暴雨天气，部分地区强降雨发生时伴有短时大风。全省共有111个县出现降雨，降水量超过50mm的有11个县（市、区），降水量超过25mm有31个县（市、区）。其中，菏泽、济宁部分地区降水量超过了80mm，达到暴雨级。大风降雨造成山东小麦出现不同程度的倒伏。

为及时了解山东粮食主产区小麦倒伏情况，于5月28—30日开展田间小麦倒伏调查、取样工作。田间倒伏小麦样方地点分别位于茌平县（今茌平区）振兴街道办事处、茌平县乐平铺镇、郓城县郓城镇、牡丹区辛集镇和曲阜市陵城镇。图7-1为小麦倒伏现场照片。每个地面样方点选取倒伏程度不同的倒伏小麦小区和参照（未倒伏）小麦小区，记录各小区角点坐标位置，并分别采集1m长、两垄宽度的小麦样品。

图7-1 小麦倒伏现场

2. 遥感影像获取与预处理

环境与灾害监测预报小卫星星座A、B星（HJ-1A/1B）同时搭载有CCD相机，分别搭载超光谱成像仪（HSI）和红外相机（IRS）。其中CCD

相机具有 4 个波段，前 3 个波段为可见光波段，后 1 个波段为近红外波段，空间分辨率为 30m；超光谱仪具有 110~128 个波段，空间分辨率为 100m；红外相机具有 4 个波段，空间分辨率是 150/300m。A、B 卫星组合它们的重访周期仅为 2 天。选用 5 月 21 日倒伏前和 6 月 3 日倒伏后的环境小卫星 CCD 影像数据，利用地面实测的 GPS 点对卫星影像进行几何精纠正。

卫星传感器在观测地面物体辐射或反射的电磁能量时，从传感器得到的测量值与目标物体的光谱反射率或光谱辐射亮度等物理量是不一致的，为了消除这种不一致，遥感图像的绝对辐射校正是十分有必要的。利用绝对定标系数将 CCD 影像 DN 值转换为辐亮度图像的公式为：

$$L = \frac{DN}{A} + L_0 \tag{7-1}$$

式中，A 为绝对定标系数增益；L_0 为绝对定标系数偏移量，转换后辐亮度单位为 $W/(m^2 \cdot sr \cdot \mu m)$。$A$、$L_0$ 所选用的是 2012 年资源卫星应用中心于敦煌绝对辐射校正场和青海湖辐射校正场进行的 HJ-1A/B 星的定标试验数据。

为了正确反映地物的光谱反射特性，需要知道目标地物的地面反射率，计算地面反射率的转换公式为：

$$\rho = \pi \times D^2 \times L / [esuni \times \cos(sz)] \tag{7-2}$$

式中，ρ 为地面反射率；D 为日地天文单位距离；L 为传感器光谱辐射值，即大气顶层的辐射能量；$esuni$ 为大气顶层太阳辐照度；sz 为太阳天顶角。表 7-1 给出了中国资源卫星应用中心测定的大气顶层太阳辐照度（$esuni$）。以上操作在影像处理软件 envi 中完成。

表 7-1 HJ-1A/B 星 CCD 相机大气层外太阳辐照度　　单位：w/m²

HJ-1-A CCD1	1 914.324	1 825.419	1 542.664	1 073.826
HJ-1-A CCD2	1 929.810	1 831.144	1 549.824	1 078.317
HJ-1-B CCD1	1 902.188	1 833.626	1 566.714	1 077.085
HJ-1-B CCD2	1 922.897	1 823.985	1 553.201	1 074.544

三、结果与分析

为了探讨小麦倒伏前后影像的光谱变化特征，在对两期遥感影像预处理的基础上，利用地面倒伏样方调查测定的 GPS 位置点，分别提取了 2013 年 5 月 21 日倒伏前和 2013 年 5 月 30 日倒伏后，5 个地面样方共计 10 组倒伏小区与参照（未倒伏）小区在 4 个波段上的光谱反射率。各组样方小区在倒伏前、后两期影像 4 个波段上的光谱反射率均有不同程度的变化，图 7-2 给出了 5 组参照小麦样方在两期影像上的光谱反射率变化情况，可以看出参照样方在两期影像上的光谱反射率变化不明显。小麦冠层的光谱反射率总体的变化趋势为：在近红外波段呈现有规律的增加，而在可见光波段变化不明显。

图 7-3 给出了 5 组倒伏小麦样方在两期影像上的光谱反射率变化情况，可以看出倒伏样方在两期影像上光谱反射率变化较大，5 组样方倒伏后的光谱反射率比倒伏前明显升高。为了全面了解小麦倒伏后光谱反射率变化情况，图 7-4 给出了倒伏样方和参照样方在倒伏后影像上光谱反射率的对比情况，可以看出倒伏样方和参照样方有明显区别，5 组倒伏样方的光谱反射率均高于 5 组参照样方。

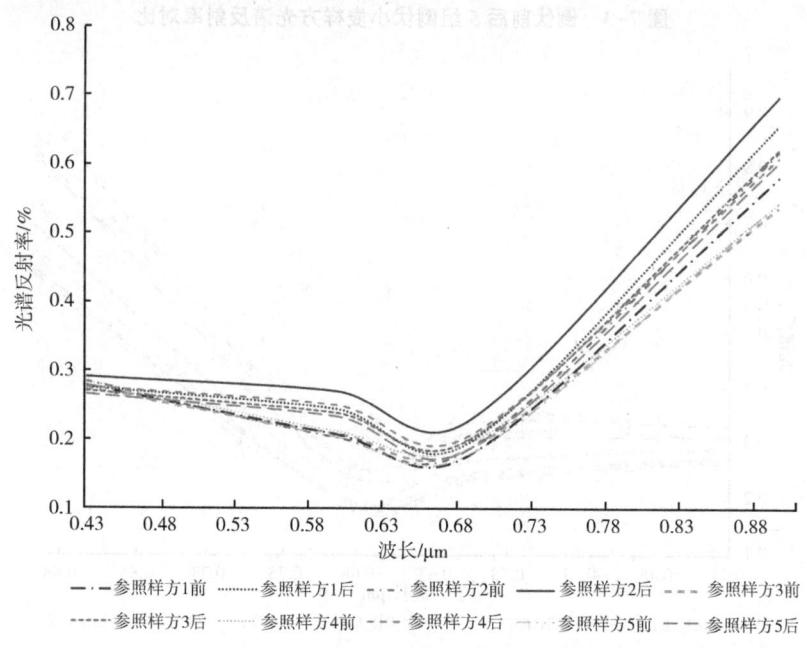

图 7-2　倒伏前后 5 组参照小麦样方光谱反射率对比

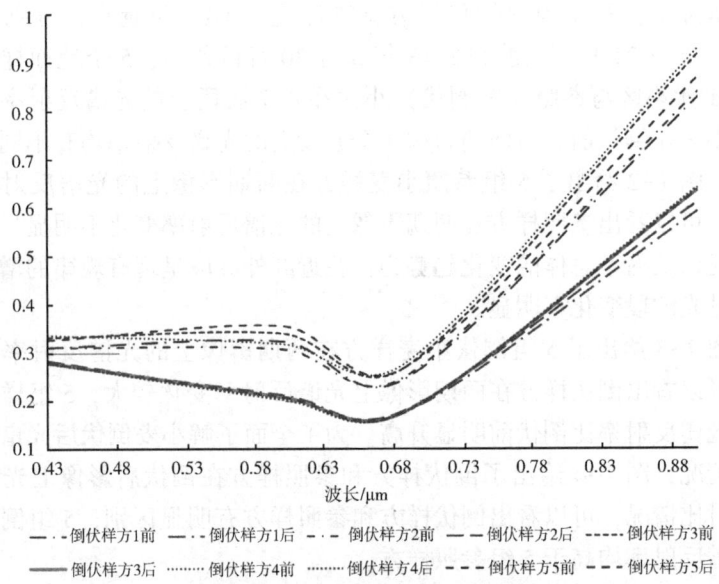

图 7-3 倒伏前后 5 组倒伏小麦样方光谱反射率对比

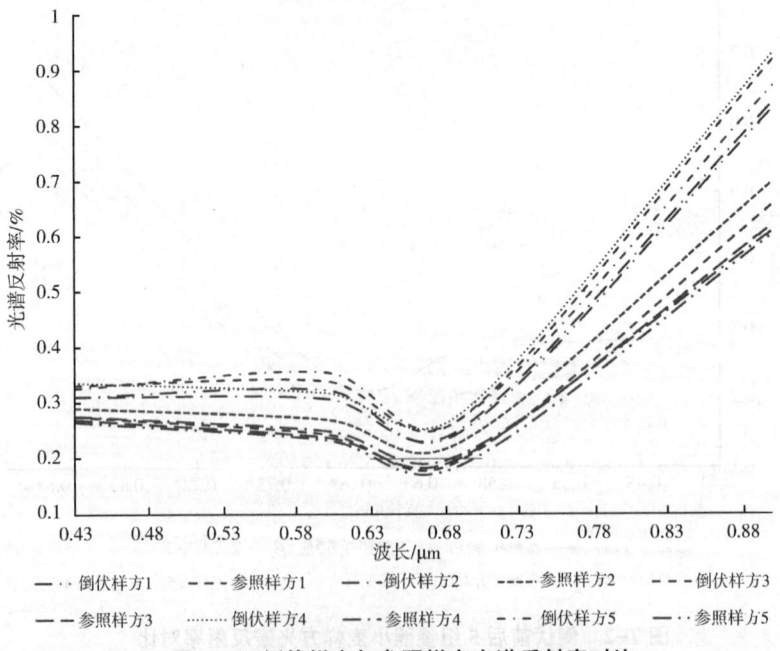

图 7-4 倒伏样方与参照样方光谱反射率对比

1. 小麦冠层光谱特性变化

对比图 7-2、图 7-3 可以看出，小麦光谱反射率在两期影像上均有变化，变化最明显的是倒伏样方。倒伏样方在各波段上的光谱反射率明显增加，主要是由小麦倒伏引起的；参照样方在各波段上的光谱反射率略有变化，主要是由于正常生长的小麦灌浆前后冠层光谱特性的变化引起的。

小麦冠层的光谱特性，除受叶片的光学特性控制外，还受小麦冠层的形状结构、辐照及背景光谱等的影响。倒伏造成小麦群体的结构和形态发生改变，最终引起小麦冠层光谱特征发生改变。实验室测得，小麦茎秆的反射率在可见光波段与叶片相当，在近红外波段的反射率高于叶片。灌浆期小麦倒伏前冠层光谱特性起主要作用的是叶片和麦穗，倒伏后小麦光谱反射率起重要作用的是茎秆。小麦倒伏前冠层的光谱反射由叶片的多次反射和阴影共同作用，倒伏后这种作用发生改变。倒伏的角度越大，单位面积上茎秆所占比例就越大，小麦植株间隙就越小，加之小麦倒伏后叶片由上表面朝上的状态变为叶片横向，在小麦全部倒伏的极端情况下，光滑的下表面横向朝上，基本形成镜面反射的状态，小麦植被的光谱反射率变大。

2. 小麦倒伏敏感波段

影像数据前 3 个波段为可见光波段，第 4 波段为近红外波段，为了寻找小麦倒伏遥感监测的敏感波段，表 7-2 给出了各倒伏小麦样方光谱反射率的变化率。从表 7-2 可以看出，倒伏小麦在各波段变化率最大的是可见光 2（绿光）波段，其次可见光 3（红光）波段，均大于近红外波段的变化率。因此，可以把可见光波段作为倒伏小麦遥感监测的敏感波段。

表 7-2 各波段光谱反射率变化率对比

倒伏样方变化率	蓝光波段	绿光波段	红光波段	近红外波段
倒伏样方 1	0.115 953 08	0.519 756 3	0.387 047 158	0.397 242
倒伏样方 2	0.096 088 5	0.479 919	0.380 810 171	0.374 757
倒伏样方 3	0.188 316 82	0.632 740 8	0.516 963 268	0.443 368
倒伏样方 4	0.206 407 76	0.568 608 7	0.568 929 712	0.448 132
倒伏样方 5	0.170 225 89	0.709 151 7	0.516 963 268	0.368 602
平均	0.155 398 41	0.582 035 3	0.474 142 715	0.406 420

3. 植被指数监测

植被指数是指示植被长势、生物量等的重要指数，研究应用较多的植被指数有归一化植被指数、比值植被指数、差值植被指数、垂直植被指数、正交值植被指数等，归一化植被指数 NDVI 是植被生长状态及植被覆盖度的最佳指示因子，研究表明它与多个植被参数（如绿色生物量、植被覆盖度、光合作用等）有关。NDVI 的计算式如下：

$$\mathrm{NDVI} = \frac{\mathrm{NIR} - R}{\mathrm{NIR} + R} \tag{7-3}$$

NIR'、R' 分别为倒伏小麦在近红外和红光波段上的亮度值，其表示为公式（7-4），即

$$\mathrm{NIR}' = f_1 \cdot \mathrm{NIR}$$
$$R' = f_2 \cdot R \tag{7-4}$$

$$\frac{\mathrm{NDVI}'}{\mathrm{NDVI}} = \frac{(\mathrm{NIR}' - R')}{(\mathrm{NIR}' + R')} \cdot \frac{(\mathrm{NIR} + R)}{(\mathrm{NIR} - R)} \tag{7-5}$$

联合公式（7-4）、公式（7-5）可得：

$$\frac{\mathrm{NDVI}'}{\mathrm{NDVI}} = \frac{(f_1 \cdot \mathrm{NIR}^2 - f_2 \cdot R^2) + (f_1 - f_2) \cdot \mathrm{NIR} \cdot R}{(f_1 \cdot \mathrm{NIR}^2 - f_2 \cdot R^2) + (f_2 - f_1) \cdot \mathrm{NIR} \cdot R} \tag{7-6}$$

由于近红外波段的光谱反射率增加幅度小于红色波段的光谱反射率增加幅度，即 $f_1 < f_2$，由公式（7-6）可知，倒伏小麦的 NDVI 值是减小的，与其他病虫害、肥水等因素引起的 NDVI 值减小不同，小麦倒伏得越严重，倒伏小麦光谱特性变化越明显，倒伏小麦的 NDVI 值减小越明显。

根据同一地区小麦倒伏前后两期 NDVI 图像，结合地面样方的光谱变化情况，首先提取小麦倒伏后期影像中小麦的种植面积，其中包含倒伏小麦的面积，进行阈值分类；在提取小麦种植面积的基础上进行监督分类，提取倒伏小麦的面积。以山东茌平县为研究区域，提取了该区域的倒伏小麦面积，得到了茌平县倒伏小麦面积专题图。据图统计，倒伏小麦像元总数为 17 800 个，计算所得倒伏小麦面积为 16.02 km^2。

四、结论与讨论

小麦倒伏使小麦植株群体结构和形态发生了很大的改变，植株群体结构和形态的变化进一步改变了小麦的冠层光谱特性。小麦倒伏前后在 HJ 环境与灾害监测小卫星影像 4 个波段上的光谱反射率发生了变化。小麦倒伏

后在 4 个波段上的光谱反射率比倒伏前均明显增加；亮度值增加幅度最大的是可见光绿光、红光波段，其次是近红外波段；小麦倒伏的发生程度越大，小麦光谱反射率的变化越明显。小麦植株在倒伏前对光谱反射率影响最大的部分是叶片和麦穗，倒伏后对光谱反射率影响最大的是部分是茎秆。

综合比较倒伏前后小麦在各波段上的反射率变化情况，认为可见光波段作为倒伏小麦遥感监测的敏感波段，用于指示判断小麦是否倒伏、小麦倒伏发生程度的重要依据。

归一化植被指数 NDVI 是植被生长状态及植被覆盖度的最佳指示因子，分析比较倒伏前后两期遥感影像小麦 NDVI 值的变化特点，小麦倒伏后的 NDVI 呈现减小的趋势，论证了利用 NDVI 值的变化特点监测倒伏小麦的可行性。

本节在小麦倒伏田间样方调查的基础上，选取倒伏前后两期 HJ 环境与灾害监测小卫星影像，通过研究倒伏小麦的光谱特性、倒伏监测敏感波段及 NDVI 值的变化特点等，论证了倒伏小麦遥感监测的可行性和有效性。如何结合利用倒伏小麦遥感监测敏感波段和 NDVI 值的变化特点，快速正确地提取倒伏小麦的发生面积是下一步工作的研究重点。

第五节　春玉米倒伏模拟试验和遥感监测的研究

农作物倒伏灾害会带来不同程度的产量损失，影响农业发展。2010 年 7 月山东部分地区春玉米发生了倒伏。通过实地观测发现倒伏春玉米结构形态发生明显变化，玉米倒伏类型主要表现为根倒伏；倒伏玉米冠层光谱反射率发生了明显变化，光谱曲线整体下降；倒伏玉米各植被指数与正常生长的春玉米相比有不同程度的降低。本节通过分析玉米倒伏后冠层光谱的变化特征，为利用遥感技术监测玉米倒伏灾害提供理论依据。

一、研究背景

2010 年 5 月中旬，山东自西向东出现了大面积降雨过程，7 月山东多地普降暴雨。2010 年入夏以来的几次降雨，造成了农作物的大面积受损、倒伏。本节以山东临沂市费县地区倒伏春玉米为研究材料，对玉米倒伏后的冠层光谱进行采集、分析，以期为利用遥感进行大面积监测提供一定的理论依据。

实地调查发现受灾严重的玉米是春玉米，夏玉米也受到了影响，但在随后的几天时间里又恢复了正常生长，对产量影响不大。春玉米则发生了根倒伏的现象，对玉米产量影响较大。研究区域内，春玉米种植并不是大面种植，而是小块地种植，大的有1亩左右、小的有几十平方米，其中穿插着夏玉米、花生等农作物。

玉米倒伏后，对于倒伏较轻的5~7天基本可以恢复正常生长，对产量影响不大；倒伏严重的会严重破坏玉米自身的生理构造，进而影响玉米的产量，在抽雄前后，倒伏的玉米对产量影响尤其严重；倒伏的玉米还容易发生病虫害，使田间管理复杂化。

二、春玉米倒伏后冠层光谱变化

实地测量光谱的地点位于临沂市费县方城镇，在调查过程中发现春玉米发生了不同程度的根倒伏，图7-5为春玉米倒伏现场照片。研究区内春玉米倒伏严重，植株几乎全扑倒在地上，叶片相互郁闭，通风透光不良，容易形成恶劣的田间环境，严重影响玉米叶片的光合作用，造成雌穗发育较小，雄穗分支和花粉量减少，授粉质量差，最终造成产量下降，给当地种植春玉米的农户造成的损失也是不可忽略的。

图7-5 春玉米倒伏现场

1. 光谱测量方法

选取5块玉米种植区域作为测量小区，其中3个区域中的春玉米倒伏率分别为70%、80%、90%,另两个区域为正常生长的玉米与夏玉米。所用光谱测量仪器为野外便携式光谱仪(ASD FieldSpec HandHeld),其波段范围是350~1 050nm,光谱分辨率3nm(350~1 000nm),采样间隔(波段宽)为1.41nm(350~1 000nm),测量速度固定扫描时间为3s,裸光纤25°前视场角。

光谱采集要求选取晴朗且无云、风力较小的天气,于10—14时进行。测量人员身着深色衣服,阴影不能落在视场范围内,探头垂直向下,高度始终保持离地面2m。根据玉米倒伏面积的大小,确定每个小区采集5个样本点,每个样本点在视场范围内重复5次取平均,取样本点的平均值作为小区光谱反射率,各小区测量前后均用标准的参考板进行校正。

2. 倒伏玉米的光谱信息

利用光谱仪分别测量倒伏程度为70%、80%、90%的春玉米的光谱信息,以及正常生长的春玉米和夏玉米的光谱信息,结果如图7-6所示,其中,$S1.\mathrm{mn}$为倒伏面积为70%的小区玉米光谱;$S2.\mathrm{mn}$为倒伏面积为

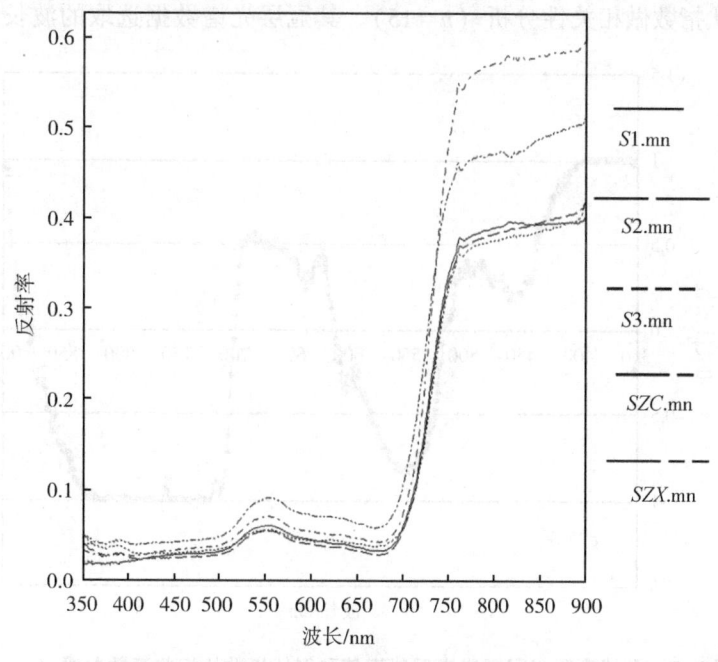

图7-6 倒伏春玉米光谱反射率曲线图

80%的小区玉米光谱；S3.mn 为倒伏面积为 90%的小区玉米光谱；SZC.mn 为正常生长的春玉米光谱；SZX.mn 为正常生长的夏玉米光谱。

从图 7-6 可以看出，玉米倒伏后其冠层光谱发生了明显的变化，在可见光和近红外波段其光谱曲线整体下降，尤其在近红外波段下降了 20%。由于 3 个小区的倒伏程度都很严重，它们之间的光谱反射率差别不大，近红外波段都维持在 40%左右；而未倒伏的春玉米其光谱反射率为 58%，夏玉米则比其低 8%。5 个小区冠层光谱在可见光和近红外波段相对变化的幅度不是很大，可见光 500nm 及以上其减少幅度为 10%~30%，近红外波段的减少幅度为 30%左右，相对稳定一些。

三、光谱分析

1. 光谱反射率和倒伏指数相关性分析

图 7-7 是倒伏春玉米冠层光谱反射率值和倒伏指数的相关系数曲线，将倒伏春玉米 3 个调查小区 5 个测量点共 15 组冠层光谱数据和相应小区的倒伏指数做相关性分析（$n=15$）。其冠层光谱数据选取的波长范围是

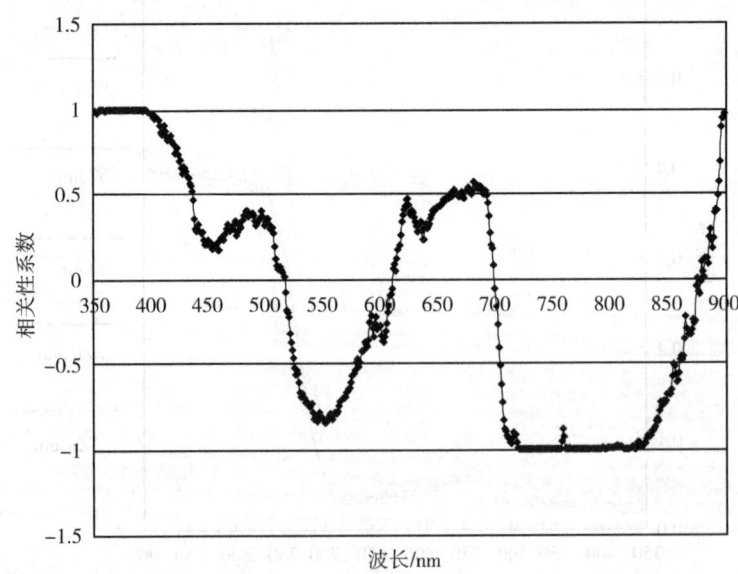

图 7-7　倒伏春玉米冠层光谱反射率值和倒伏指数的相关系数曲线（$n=15$）

350～900nm，共451个光谱反射率值，每个波段的冠层光谱反射值和其对应的倒伏指数分别做相关性分析得出相关性系数，将所有的相关性系数按照对应的波长值组合成一条相关性曲线，如图7-7所示，X轴为波长，Y轴为对应的冠层光谱反射率值和倒伏指数的相关系数。

在350～400nm，冠层光谱反射率值和倒伏指数的相关系数是1，即完全相关。随着倒伏指数的增大，这个波段范围内的各个波长反射率值也相应增大。而在700～830nm，冠层光谱反射率值和倒伏指数的相关系数是-1，即完全负相关。随着倒伏指数的增大，这个波段范围内的各个波长反射率值也相应减小。在400～520nm、610～700nm，其相关性为正相关，即随着倒伏指数的增大，这两个波段范围内的各个波长反射率值也相应增大，只是增大的程度不同。在520～610nm，其相关性为负相关，随着倒伏指数的增大，这个波段范围内的各个波长反射率值也相应减小。

2. 春玉米倒伏后植被指数变化分析

植被指数是监测作物长势水平的有效方法，根据植被指数的公式，以及利用光谱反射率值推算植被指数的公式，将玉米倒伏后的红光波段反射率平均值和近红外波段反射率平均值代入公式得4种植被指数数据。通过表7-3可以看出玉米倒伏后其比值植被指数、归一化植被指数、差值植被指数值都降低了。在测量倒伏指数为0.8的小区时，云量发生了变化，导致其值有些异常。各监测小区的倒伏指数相差不大，其植被指数变化也不大；但与正常生长的玉米相比较，各个植被指数值都降低了，只是降低的幅度不同。

表7-3 倒伏春玉米植被指数

植被指数	比值植被指数	归一化植被指数	差值植被指数
正常生长的春玉米	3.72	0.58	42.12
倒伏指数0.7	3.44	0.55	27.83
倒伏指数0.8	3.60	0.57	28.30
倒伏指数0.9	3.44	0.55	27.21

正常生长的玉米和倒伏玉米其冠层结构发生了明显变化，正常生长时玉米叶片和穗是直立的，倒伏后其叶片和穗变为平铺的方式，增加了茎秆的贡献。

随着倒伏玉米冠层结构的改变，其冠层光谱反射率曲线也随之发生相应的变化，在可见光和近红外波段光谱曲线整体下降。反应作物长势的植被指数是依据作物在红光波段和近红外波段的光谱反射率值进行计算的，各植被指数也随着光谱反射率曲线的变化发生了不同程度的降低。

四、结论与讨论

春玉米倒伏后植株冠层结构发生改变，倒伏前的冠层光谱主要是由玉米叶片和穗贡献的，倒伏后其冠层光谱由叶片、穗、茎秆共同贡献，即增加了茎秆对冠层光谱的贡献。倒伏春玉米发生了明显的光谱变化：监测范围内的光谱曲线与正常生长的春玉米光谱曲线相比整体下降，尤其在近红外波段下降了20个百分点；其光谱曲线也整体低于夏玉米的光谱曲线。倒伏玉米的比值植被指数、归一化植被指数、差值植被指数值也随着光谱反射率曲线的降低发生了不同程度的降低。

地面通过光谱仪测定倒伏作物光谱，为遥感图像的光谱判断提供理论上的依据，使得利用遥感图像大面积监测作物倒伏灾害成为现实，以期为农业农村部门提供信息，缩短农业生产受损的调查时间。

第六节　夏玉米倒伏模拟试验和遥感监测的研究

玉米倒伏灾害会带来不同程度的产量损失，影响农业发展，灾害的监测与评估对于农业农村部门指导农业生产具有重要价值。针对传统人工灾害评估方法效率低、随机性大等缺点，开展了夏玉米倒伏模拟试验和遥感监测的研究。设计夏玉米倒伏模拟试验，分析不同生长时期、不同程度倒伏夏玉米的冠层光谱特征，倒伏后冠层光谱发生了明显变化。根据夏玉米倒伏后NDVI值的变化特征，建立了夏玉米倒伏遥感监测的理论基础。本节采用两期遥感影像，利用山东桓台县夏玉米倒伏的地面实测数据，对方法进行了验证，结果验证了该方法监测夏玉米倒伏的可行性和有效性。

一、研究背景

玉米是全世界总产量最高的粮食作物，其产量高低与粮食安全密切相关。灾害是影响夏玉米产量高低的重要因素之一，作为夏玉米主产区的华北平原地区多盛行夏季季风，近几年气候多变，大风暴雨等灾害性天气频繁，大面积的夏玉米倒伏时有发生。以 2024 年为例，2024 年 7 月，河南遭遇持续强降雨，多地单日降水量破纪录，导致土壤含水量严重饱和，玉米倒伏、渍涝灾害风险显著升高。南阳市等地因暴雨引发内涝，玉米大面积倒伏并伴随病虫害暴发。同年夏季，多省份因强降雨和大风叠加影响，玉米出现茎秆弯曲、根部拔起等现象。部分区域因土壤贫瘠、播种过深或密度过高，加重了倒伏程度，导致玉米倒伏严重，造成了较明显的玉米产量损失。

夏玉米倒伏受灾后，要确定受灾区的位置、分布情况、受灾面积及受灾程度，传统的人工统计的方法效率低且人为因素影响大。目前遥感技术已广泛应用在农作物监测、农业灾害监测、农业资源监测等方面。遥感技术可以大面积、快速实时地对农作物的生长状况进行监测，满足对灾情监测的需要。

目前学者对于农作物灾害研究的关注点大多集中在受灾原因及预防措施，不少研究者已经尝试用遥感技术来监测农作物倒伏。刘良云等利用冬小麦倒伏前后植被指数的变化成功监测了小麦倒伏的发生程度；刘占宇等利用可见光/近红外地面光谱仪数据，通过支持向量机方法对倒伏水稻进行了识别；胡宗杰等研究了灌浆期小麦倒伏前后冠层光谱变化特征；赵霆等研究了夏玉米倒伏对其生长发育及产量的影响；杨浩等研究探索了雷达遥感大面积监测小麦倒伏状况的潜力。可以看出，这些方法大多集中关注倒伏前后光谱反射率的变化，从而判断倒伏发生的程度。农作物特别是夏玉米的倒伏影响因素很多，因此考虑各种倒伏影响因素进行模拟试验，在此基础上提出夏玉米倒伏遥感监测的方法从理论上来看更具优势。

本节研究设计夏玉米倒伏模拟试验，通过对倒伏模拟玉米冠层光谱特征信息的采集和分析，寻求进行大面积夏玉米倒伏遥感监测的理论基础。利用山东桓台县夏玉米倒伏的地面实测数据，对方法进行了验证，结果表明了该方法监测夏玉米倒伏的可行性和有效性。

二、试验与材料

选择在山东济阳区（117°0′15″E，36°57′55″N，海拔 19m）大田开展试验，夏玉米选择试验地区当地同一主栽品种作为试验材料，大田种植，正常肥水管理，试验时间为 2015 年 7—9 月。

试验地点选择在地块较大、苗情比较均一且灌溉便利的玉米大田。试验选择在夏玉米具有代表性且易发生倒伏的拔节期、抽雄期、乳熟期3个生长时期进行。试验人为模拟风、雨这两个条件促使玉米发生不同程度的倒伏。分别在玉米生长的3个时期内对试验小区灌溉至过饱和，浸泡使土壤松动；人工模拟玉米受大风影响倒伏的现象，尽量模拟自然气象灾害的条件。

每个生长时期安排4个试验小区，其中1个小区为正常生长的夏玉米作为参照小区，其余3个小区对应模拟3种不同程度的倒伏受灾玉米。共12个小区。每个小区规格为3m×5m，四周围垄，便于浇水灌溉。根据玉米茎秆与地面倒伏夹角不同，将夏玉米倒伏分为3种程度：轻度倒伏（倒伏角度≤30°，倒伏指数0.3）；中度倒伏（倒伏角度30°~60°，倒伏指数0.6）；重度倒伏（倒伏角度≥60°，倒伏指数0.9）。各小区排列如图7-8所示。

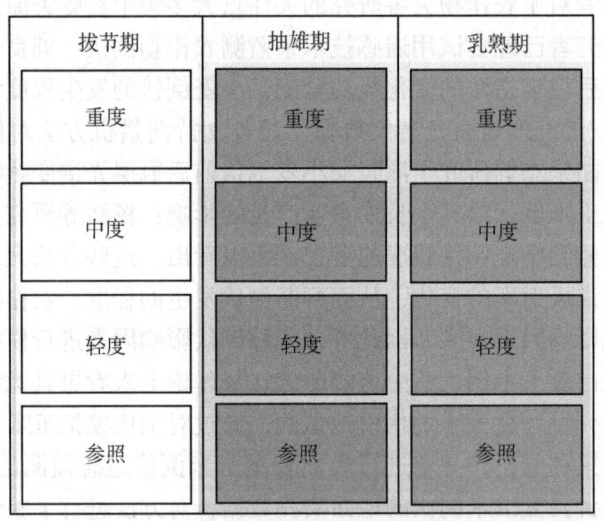

图7-8 夏玉米倒伏模拟试验小区分布

记录每个时期每个试验小区内夏玉米的冠层光谱特征信息，采集光谱时间为10—14时，选择晴朗无云时进行，照片采集同步进行。每个试验小区采集3个样本点，每个样本点在视场范围内重复5次取平均，取样本点的平均值作为小区光谱反射率。夏玉成熟以后，在试验小区连续选取20株夏玉米，记录穗数、穗长、穗粗、穗重。

三、结果与分析

1. 倒伏夏玉米冠层光谱信息分析

利用光谱仪分别采集 3 个夏玉米生长时期各试验小区内的玉米植株冠层光谱特性信息，各小区倒伏与参照夏玉米光谱反射率曲线图如图 7-9 至图 7-11 所示。

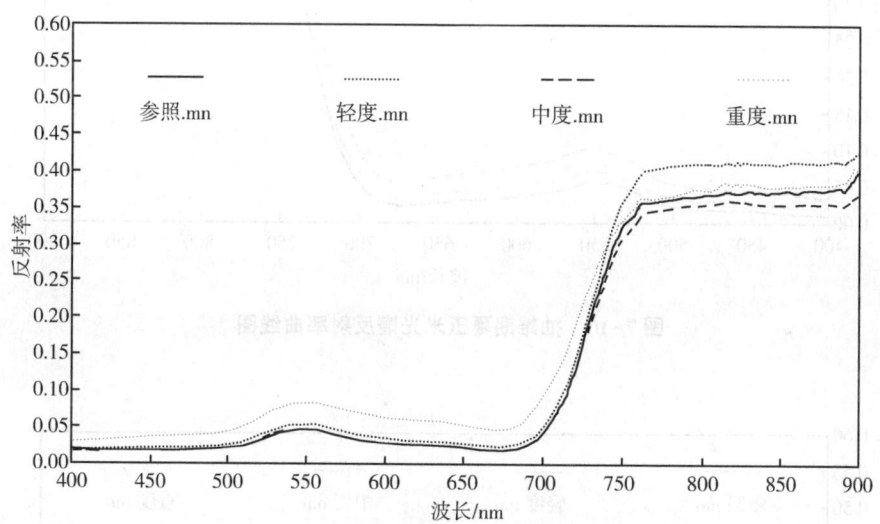

图 7-9 拔节期夏玉米光谱反射率曲线图

从图 7-9 可以看出，拔节期夏玉米倒伏后其冠层光谱发生了明显的变化。在可见光波段，重度倒伏小区其光谱曲线整体上升明显，中度和轻度倒伏小区其光谱曲线略有上升；在近红外波段，轻度倒伏小区其光谱曲线整体上升明显，重度和中度倒伏小区其光谱曲线变化不明显。从图 7-10、图 7-11 可以看出，抽雄期、乳熟期夏玉米倒伏后其冠层光谱发生了明显的变化。在可见光波段，倒伏小区其光谱曲线整体上升；在近红外波段，倒伏小区其光谱曲线变化不规律、不明显。综合分析 3 个时期的夏玉米冠层光谱曲线可知，在可见光波段倒伏夏玉米光谱曲线整体上升；3 种程度的倒伏玉米在近红外波段多数呈现下降趋势，变化不明显，需要进一步分析论证。

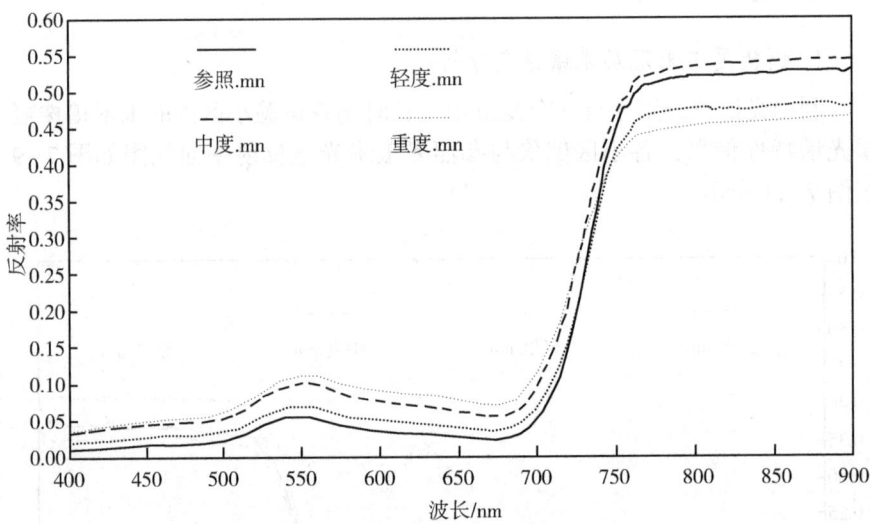

图 7-10 抽雄期夏玉米光谱反射率曲线图

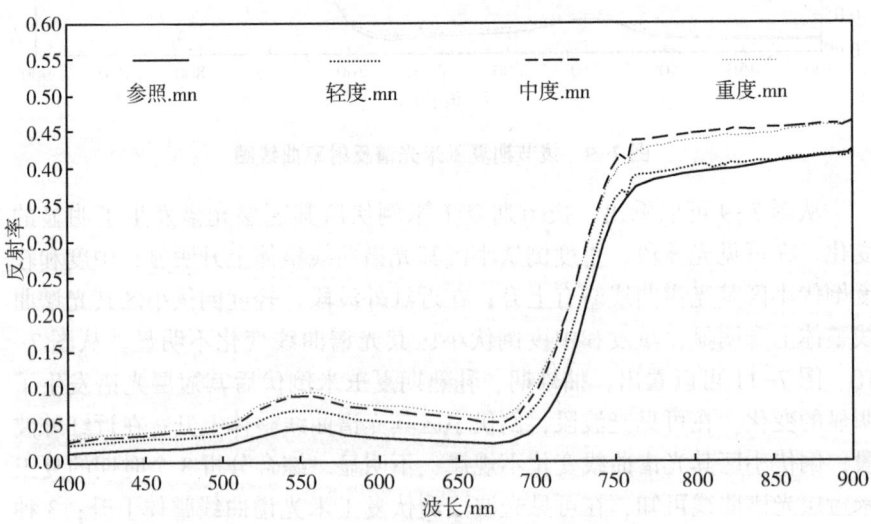

图 7-11 乳熟期夏玉米光谱反射率曲线图

2. 倒伏夏玉米冠层光谱特征分析

夏玉米收获时，选取玉米果穗重、穗粗度、穗长度和穗数 4 个指标作为 3 个生育期倒伏处理对玉米产量的影响因子。分析表明，夏玉米生长的抽雄期发生倒伏对产量的影响最大。

选取抽雄期倒伏夏玉米的冠层光谱信息进行特征分析。不同程度的倒伏定义不同的倒伏指数，倒伏指数越高，倒伏越严重。将抽雄期夏玉米 3 个倒伏试验小区各自 3 个测量点共 9 组冠层光谱数据和相应小区的倒伏指数做相关性分析（$n=9$）。其冠层光谱数据选取的波长范围是 350～900nm，共 501 个光谱反射率值，每个波段的冠层光谱反射值和其对应的倒伏指数分别做相关性分析得出相关性系数，将所有的相关性系数按照对应的波长值组合成一条相关性曲线。为了研究夏玉米倒伏处理后光谱反射率的变化程度情况，将其与正常生长夏玉米光谱反射率比较，其光谱反射率值改变幅度与每个波段的冠层光谱反射值相关分析，将所有的相关性系数按照对应的波长值组合成另一条相关性曲线，如图 7-12 所示。

图 7-12 中，实线为倒伏夏玉米冠层光谱反射率值和倒伏指数的相关

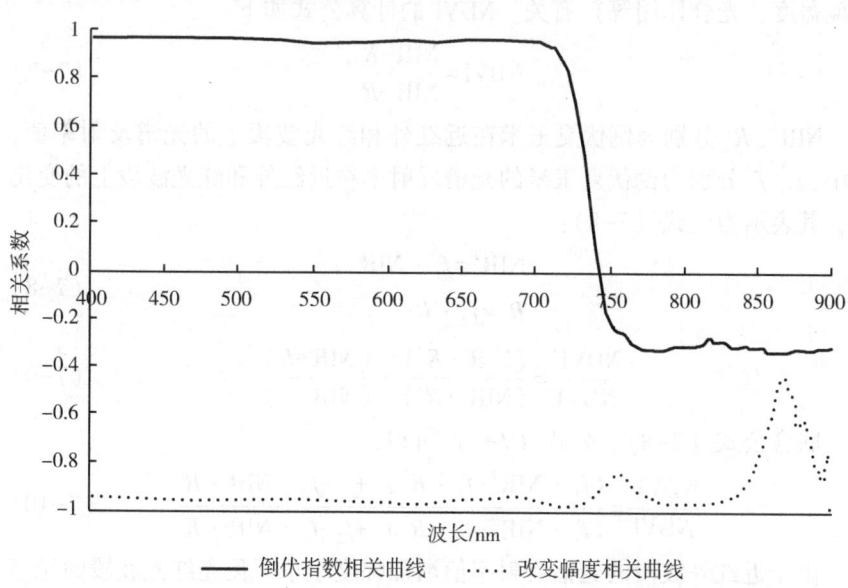

图 7-12　倒伏夏玉米冠层光谱反射率值和倒伏指数的相关分析（$n=9$）

系数曲线,在400~700nm,冠层光谱反射率值和倒伏指数的相关系数是接近1,即近似完全相关。随着倒伏指数的增大,这个波段范围内的各个波长反射率值也相应增大。在400~741nm,其相关性为正相关,即随着倒伏指数的增大,此波段范围内的各个波长反射率值也相应增大,只是增大的程度不同。在742~900nm,其相关性为负相关,随着倒伏指数的增大,这个波段范围内的各个波长反射率值也相应减小。虚线为倒伏夏玉米光谱改变幅度相关曲线,在400~900nm,其相关性为负相关,随着波段范围内的各个波长反射率值的增加,倒伏夏玉米光谱变化幅度不断减小,可见光波段改变幅度大于近红外波段。这里的改变幅度是指倒伏夏玉米光谱反射率与参照夏玉米光谱反射率对比的变化率。

3. 植被指数的变化

植被指数是指示植被长势、生物量等的重要指数,研究应用较多的植被指数有归一化植被指数、比值植被指数、差值植被指数、垂直植被指数、正交值植被指数等,归一化植被指数 NDVI 是植被生长状态及植被覆盖度的最佳指示因子,研究表明它与多个植被参数(如绿色生物量、植被覆盖度、光合作用等)有关。NDVI 的计算公式如下:

$$\text{NDVI} = \frac{\text{NIR} - R}{\text{NIR} + R} \tag{7-7}$$

NIR′、R′ 分别为倒伏夏玉米在近红外和红光波段上的光谱反射率值,其中,f_1、f_2 分别为倒伏夏玉米的光谱反射率在近红外和红光波段上的变化率,其表示为公式(7-8):

$$\text{NIR}' = f_1 \cdot \text{NIR}$$
$$R' = f_2 \cdot R \tag{7-8}$$

$$\frac{\text{NDVI}'}{\text{NDVI}} = \frac{(\text{NIR}' - R')}{(\text{NIR}' + R')} \cdot \frac{(\text{NIR} + R)}{(\text{NIR} - R)} \tag{7-9}$$

联合公式(7-8)、公式(7-9)可得:

$$\frac{\text{NDVI}'}{\text{NDVI}} = \frac{(f_1 \cdot \text{NIR}^2 - f_2 \cdot R^2) + f_1 - f_2 \cdot \text{NIR} \cdot R}{(f_1 \cdot \text{NIR}^2 - f_2 \cdot R^2) + f_2 - f_1 \cdot \text{NIR} \cdot R} \tag{7-10}$$

由于近红外波段的光谱反射率值增加幅度小于可见光红光波段的光谱反射率值增加幅度,即 $f_1 < f_2$,由公式(7-10)可知,倒伏夏玉米的 NDVI 值是减小的,与其他病虫害、肥水等因素引起的 NDVI 值减小不同,

倒伏得越严重，其光谱特性变化越明显，倒伏夏玉米的 NDVI 值减小越明显。

四、遥感监测夏玉米倒伏的验证

对夏玉米倒伏灾害遥感监测需要确定倒伏发生地点、程度和倒伏面积等，以便对倒伏灾害进行及时、准确地评估。

2013 年 7 月 9 号，山东北部及中部地区普降大雨，46 个县市平均降水量超过 50mm，部分地区伴随大风天气玉米倒伏严重，灾害发生后，对山东淄博市桓台县开展了地面调查、采点工作。夏玉米倒伏前后其冠层光谱特征发生明显变化，植被指数随之发生变化，利用倒伏前后两期时期的遥感影像可以监测夏玉米倒伏灾害。选择 2013 年 7 月 5 日倒伏灾害发生前和 2013 年 8 月 5 日灾后的两期环境小卫星 CCD 影像数据，利用地面实测的 GPS 位置点，计算反演出两组各 9 个夏玉米倒伏点和未倒伏点的 NDVI 值。

调查样区内各地面实测点在倒伏前后两期影像上的 NDVI 值的变化，可以反映出夏玉米植被特征信息的变化，图 7-13 表示了地面点在两期影

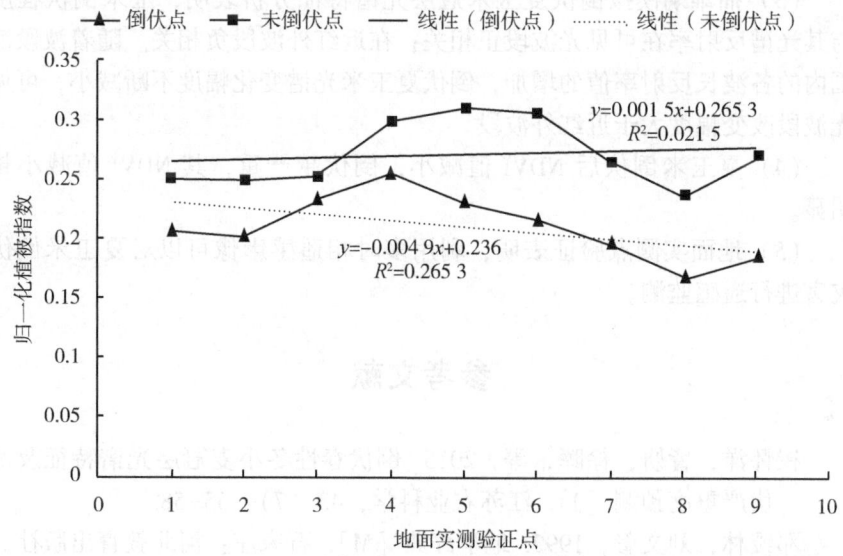

图 7-13 地面实测点植被指数变化值的对比

像上 NDVI 变化值的对比分析情况。可以看出，各倒伏实测点的 NDVI 增加值均小于未倒伏点的增加值，线性回归分析结果显示其呈现减小趋势。未倒伏点 NDVI 值的增大主要是正常生长的夏玉米植被特征信息变化引起的；倒伏点 NDVI 值的变化受到了植被群体冠层特征变化的影响，其增加幅度小于正常点，并且倒伏程度越高，其 NDVI 值的变化越小，符合上节论证结果。

五、结论与讨论

以上研究分析了模拟倒伏玉米冠层光谱特征信息，建立了夏玉米倒伏遥感监测的理论基础，通过地面实测点验证了夏玉米倒伏遥感监测的可行性和有效性。

（1）夏玉米模拟倒伏试验结果显示，倒伏后夏玉米冠层光谱特征在 3 个生长时期均发生了明显变化，其在可见光波段的光谱曲线整体上升；不同程度的倒伏夏玉米在近红外波段多数呈现下降趋势。

（2）夏玉米收获时，各参数指标分析表明在夏玉米抽雄期发生倒伏对其产量的影响最大。

（3）抽雄期模拟倒伏夏玉米冠层光谱特征分析表明，玉米倒伏程度与其光谱反射率在可见光波段正相关；在近红外波段负相关。随着波段范围内的各波长反射率值的增加，倒伏夏玉米光谱变化幅度不断减小，可见光波段改变幅度大于近红外波段。

（4）夏玉米倒伏后 NDVI 值减小，倒伏越严重，其 NDVI 值减小越明显。

（5）地面实测点验证表明，利用多时相遥感影像可以对夏玉米倒伏灾害进行遥感监测。

参考文献

崔怀洋，訾妍，徐晖，等，2015. 倒伏春性冬小麦冠层光谱特征及倒伏严重度预测 [J]. 江苏农业科学，43（7）：55-58.

邓绶林，刘文彰，1992. 地学辞典 [M]. 石家庄：河北教育出版社.

董锦绘，杨小冬，高林，等，2016. 基于无人机遥感影像的冬小麦倒伏面积信息提取 [J]. 黑龙江农业科学（10）：147-152.

丰光，黄长玲，邢锦丰，2008. 玉米抗倒伏的研究进展 [J]. 作物杂志 (4)：12-15.

贺鹏，徐新刚，张宝雷，等，2016. 基于多时相 GF-1 遥感影像的作物分类提取 [J]. 河南农业科学，45 (1)：152-159.

胡宗杰，张杰，王召海，2011. 灌浆期小麦倒伏后光谱变化特征 [J]. 安徽农业科学，39 (6)：3190-3192.

李树岩，刘荣花，胡程达，2014. 河南省夏玉米大风倒伏气候风险分析 [J]. 自然灾害学报 (1)：174-182.

李卫国，2013. 农作物遥感监测方法与应用 [M]. 第 2 版. 北京：中国农业科学技术出版社.

李宗南，陈仲新，任国业，等，2016. 基于 Worldview-2 影像的玉米倒伏面积估算 [J]. 农业工程学报，32 (2)：1-5.

李宗南，陈仲新，王利民，等，2014. 基于小型无人机遥感的玉米倒伏面积提取 [J]. 农业工程学报，30 (19)：207-213.

刘东升，李淑敏，2008. 北京地区冬小麦冠层光谱数据与叶面积指数统计关系研究 [J]. 国土资源遥感 (4)：32-34，42.

刘良云，王纪华，宋晓宇，等，2005. 小麦倒伏的光谱特征及遥感监测 [J]. 遥感学报 (3)：1-5.

刘占宇，王大成，李波，等，2009. 基于可见光/近红外光谱技术的倒伏水稻识别研究 [J]. 红外与毫米波学报 (5)：342-345.

陆洲，徐飞飞，罗明，等，2021. 倒伏水稻特征分析及其多光谱遥感提取方法研究 [J]. 中国生态农业学报 (中英文)，29 (4)：751-761.

毛智慧，邓磊，2019. 利用无人机遥感提取育种小区玉米倒伏信息 [J]. 中国农学通报，35 (3)：62.

梅新安，彭望琭，秦其明，等，2001. 遥感导论 [M]. 北京：高等教育出版社.

申华磊，苏歆琪，赵巧丽，等，2022. 基于深度学习的无人机遥感小麦倒伏面积提取方法 [J]. 农业机械学报 (9)：252-260，341.

束美艳，顾晓鹤，孙林，等，2019. 倒伏胁迫下的玉米冠层结构特征变化与光谱响应解析 [J]. 光谱学与光谱分析，39 (11)：3553-3559.

宋朝玉，张继余，张清霞，等，2006. 玉米倒伏的类型、原因及预防、治理措施［J］. 作物杂志（1）：36-38.

孙世贤，戴俊英，顾慰连，1991. 国外玉米倒伏研究［J］. 世界农业（5）：23-24.

王纪华，赵春江，黄文江，2008. 农业定量遥感基础与应用［M］. 北京：科学出版社.

王杰，刘实，兰玉彬，等，2020. 基于HJ-1A/B CCD数据的玉米倒伏识别方法［J］. 中国农业气象，41（2）：121.

王立辉，杜军，黄进良，等，2016. 基于GF-1号卫星WFV数据反演玉米叶面积指数［J］. 华中师范大学学报（自然科学版），50（1）：120-127.

王淑娜，2017. 北方玉米倒伏原因及防治方式探讨［J］. 种子科技，35（5）：40，42.

夏德深，李华，1996. 国外灾害遥感应用研究现状［J］. 国土资源遥感（3）：3-10.

许小峰，2014. 中国气象灾害年鉴［M］. 北京：气象出版社.

杨浩，杨贵军，顾晓鹤，等，2014. 小麦倒伏的雷达极化特征及其遥感监测［J］. 农业工程学报（7）：1-8.

杨扬，杨建宇，李绍明，等，2011. 玉米倒伏胁迫影响因子的空间回归分析［J］. 农业工程学报，27（6）：244-249.

杨子慧，2016. 北方玉米倒伏原因及防治方法［J］. 农民致富之友（2）：85.

张继余，刘姝，宋朝玉，等，2009. 玉米倒伏的原因分析及预防措施［J］. 山东农业科学（11）：119-121.

张晓霞，孙秀红，王力，2008. 小麦倒伏的原因及防止倒伏采取的对策［J］. 作物栽培（10）：24.

张新乐，官海翔，2019. 基于无人机多光谱影像的完熟期玉米倒伏面积提取［J］. 农业工程学报，35（19）：98-106.

张永强，2007. 玉米受玉米弯孢菌叶斑病和亚洲玉米螟危害后的冠层光谱特征和产量损失研究［D］. 北京：中国农业科学院.

赵静，潘方江，兰玉彬，等，2021. 无人机可见光遥感和特征融合的小麦倒伏面积提取［J］. 农业工程学报，37（3）：73-80.

赵霆，杨东旭，付昆英，2011. 夏玉米倒伏对其生长发育及产量的影响 [J]. 农业科技通讯 (7)：100-101.

赵英时，等，2003. 遥感应用分析原理与方法 [M]. 北京：科学出版社.

中华人民共和国农业部，1998. 中国农业统计资料 [M]. 北京：中国农业出版社.

BALENZANO A, MATTIA F, SATALINO G, et al., 2011. Dense Temporal Series of C-and L-band SAR Data for Soil Moisture Retrieval Over Agricultural Crops [J]. Ieee Journal of Selected Topics in Applied Earth Observations and Remote Sensing, Piscataway: Ieee-Inst Electrical Electronics Engineers Inc, 4 (2): 439-450.

BERRY P M, SPINK J, 2012. Predicting yield losses caused by lodging in wheat [J]. Field Crops Research, 137: 19-26.

BOUMAN B A M, 1991. Crop parameter estimation from ground-based x-band (3-cm wave) radar backscattering data [J]. Remote Sensing of Environment, 37 (3): 193-205.

BOUMAN B A M, VAN KASTEREN H W J, 1990. Ground-based X-band (3-cm wave) radar backscattering of agricultural crops. I. Sugar beet and potato; backscattering and crop growth [J]. Remote Sensing of Environment, 34 (2): 93-105.

BOUMAN B A M, VAN KASTEREN H W J, 1990. Ground-based X-band (3-cm wave) radar backscattering of agricultural crops. II. Wheat, barley, and oats; the impact of canopy structure [J]. Remote Sensing of Environment, 34 (2): 107-119.

CHANG W-Y, MA J-C, CHIU H-T, et al., 2009. Job satisfaction and perceptions of quality of patient care, collaboration and teamwork in acute care hospitals [J]. Journal of Advanced Nursing, 65 (9): 1946-1955.

CHAUHAN S, DARVISHZADEH R, BOSCHETTI M, et al., 2019. Remote sensing-based crop lodging assessment: Current status and perspectives [J]. ISPRS Journal of Photogrammetry and Remote Sensing, 151: 124-140.

CHEN A, LANTZ T C, HERMOSILLA T, et al., 2021. Biophysical controls of increased tundra productivity in the western Canadian Arctic [J]. Remote Sensing of Environment, 258: 112358. DOI: 10.1016/j.rse.2021.112358.

CHEN J, LI H, HAN Y, 2016. Potential of RADARSAT-2 data on identifying sugarcane lodging caused by typhoon [A]. 2016 Fifth International Conference on Agro-Geoinformatics (Agro-Geoinformatics) [C]. Tianjin: China.

CHEN L, CHANG J, WANG Y, et al., 2021. Disclosing the future food security risk of China based on crop production and water scarcity under diverse socioeconomic and climate scenarios [J]. Science of The Total Environment, 790: 148110. DOI: 10.1016/j.scitotenv.2021.148110.

CHEN Y, SUN L, PEI Z, et al., 2022. A Simple and Robust Spectral Index for Identifying Lodged Maize Using Gaofen1 Satellite Data [J]. Sensors, Basel: Mdpi, 22 (3): 989.

CLAVERIE M, DEMAREZ V, DUCHEMIN B T, et al., 2012. Maize and sunflower biomass estimation in southwest France using high spatial and temporal resolution remote sensing data [J]. Remote Sensing of Environment, 124: 844-857.

DAI X, CHEN S, JIA K, et al., 2022. A Decision-Tree Approach to Identifying Paddy Rice Lodging with Multiple Pieces of Polarization Information Derived from Sentinel-1 [J]. Remote Sensing, 15 (1): 240.

DOBROTA C T, CARPA R, BUTIUC-KEUL A, 2021. Analysis of designs used in monitoring crop growth based on remote sensing methods [J]. Turkish Journal of Agriculture and Forestry, 45 (6): 730-742.

FREEMAN A, VILLASENOR J, KLEIN J D, et al., 1994. On the use of multi-frequency and polarimetric radar backscatter features for classification of agricultural crops [J]. International Journal of Remote Sensing, 15 (9): 1799-1812.

HAO P, TANG H, CHEN Z, et al., 2019. High resolution crop intensity mapping using harmonized Landsat-8 and Sentinel-2 data [J].

Journal of Integrative Agriculture, 18 (12): 2883-2897.

HAO P, TANG H, CHEN Z, et al., 2020. Early-season crop type mapping using 30-m reference time series [J]. Journal of Integrative Agriculture, 19 (7): 1897-1911.

JI L, PETERS A J, 2004. A spatial regression procedure for evaluating the relationship between AVHRR-NDVI and climate in the northern Great Plains [J]. International Journal of Remote Sensing, 25 (2): 297-311.

JIAO X, KOVACS J M, SHANG J, et al., 2014. Object-oriented crop mapping and monitoring using multi-temporal polarimetric RADARSAT-2 data [J]. ISPRS Journal of Photogrammetry and Remote Sensing, 96: 38-46.

JORDAN C F, 1969. Derivation of Leaf-Area Index from Quality of Light on the Forest Floor [J]. Ecology, 50 (4): 663-666.

KAUFMAN Y J, TANRE D, 1992. Atmospherically resistant vegetation index (ARVI) for EOS-MODIS [J]. IEEE Transactions on Geoscience and Remote Sensing, 30 (2): 261-270.

LIU C, CHEN Z, SHAO Y, et al., 2019. Research advances of SAR remote sensing for agriculture applications: A review [J]. Journal of Integrative Agriculture, 18 (3): 506-525.

OGDEN R T, MILLER C E, TAKEZAWA K, et al., 2002. Functional regression in crop lodging assessment with digital images [J]. Journal of Agricultural, Biological, and Environmental Statistics, 7 (3): 389-402.

PENG D, HUETE A R, HUANG J, et al., 2011. Detection and estimation of mixed paddy rice cropping patterns with MODIS data [J]. International Journal of Applied Earth Observation and Geoinformation, 13 (1): 13-23.

ROMANO F, BERGONZOLI S, PECORELLA I, et al., 2021. Methodology for the Definition of Durum Wheat Yield Homogeneous Zones by Using Satellite Spectral Indices [J]. Remote Sensing, Basel: Mdpi, 13 (11): 2036.

ROUSE J, HAAS R H, DEERING D, et al., 1973. Monitoring the Vernal Advancement and Retrogradation (Green Wave Effect) of Natural Vegetation [R]. Texas: Romote Sensing Center.

ROYO C, APARICIO N, VILLEGAS D, et al., 2003. Usefulness of spectral reflectance indices as durum wheat yield predictors under contrasting Mediterranean conditions [J]. International Journal of Remote Sensing, 24 (22): 4403-4419.

SHI J, DU Y, DU J, et al., 2012. Progresses on microwave remote sensing of land surface parameters [J]. Science China Earth Sciences, 55 (7): 1052-1078.

ULABY F T, MOORE R K, FUNG A K, 1981. Microwave remote sensing: Active and passive. Volume 1 - Microwave remote sensing fundamentals and radiometry [M]. Norwood: Artech House, Inc.

W W, S G, B X, et al., 2019. In situ evaluation of stalk lodging resistance for different maize (*Zea mays* L.) cultivars using a mobile wind machine. [J]. Plant Methods, 15: 96.

WARING R H, COOPS N C, FAN W, et al., 2006. MODIS enhanced vegetation index predicts tree species richness across forested ecoregions in the contiguous U.S.A. [J]. Remote Sensing of Environment, 103 (2): 218-226.

XUE J, GOU L, ZHAO Y, et al., 2016. Effects of light intensity within the canopy on maize lodging [J]. Field Crops Research, 188: 133-141.

YANG H, CHEN E, LI Z, et al., 2015. Wheat lodging monitoring using polarimetric index from RADARSAT-2 data [J]. International Journal of Applied Earth Observation and Geoinformation, 34: 157-166.

YANG M-D, HUANG K-S, KUO Y-H, et al., 2017. Spatial and Spectral Hybrid Image Classification for Rice Lodging Assessment through UAV Imagery [J]. Remote Sensing, Basel: Mdpi, 9 (6): 583.

YU H, KONG B, HOU Y, et al., 2022. A critical review on applications of hyperspectral remote sensing in crop monitoring [J]. Experimental

Agriculture, 58: e26. DOI: 10. 1017/S0014479722000278.

ZHANG J, GU X, WANG J, et al., 2012. Evaluating Maize Grain Quality by Continuous Wavelet Analysis Under Normal and Lodging Circumstances [J]. Sensor Letters, 10 (1): 580-585.

ZHANG L, LIU Z, REN T, et al., 2020. Identification of Seed Maize Fields With High Spatial Resolution and Multiple Spectral Remote Sensing Using Random Forest Classifier [J]. Remote Sensing, Basel: Mdpi, 12 (3): 362.

ZHAO L, YANG J, LI P, et al., 2017. Characterizing Lodging Damage in Wheat and Canola Using Radarsat-2 Polarimetric SAR Data [J]. Remote Sensing Letters, Abingdon: Taylor & Francis Ltd, 8 (7): 667-675.

ZHENG J, SONG X, YANG G, et al., 2022. Remote Sensing Monitoring of Rice and Wheat Canopy Nitrogen: A Review [J]. Remote Sensing, 14 (22): 5712.

ZHOU Q, YU Q, LIU J, et al., 2017. Perspective of Chinese GF-1 high-resolution satellite data in agricultural remote sensing monitoring [J]. Journal of Integrative Agriculture, 16 (2): 242-251.

第八章 农业病虫害遥感监测预警研究

国以农为本、民以食为天，粮食足则天下安。粮食不仅是重要的商品，更是国家重要的战略物资，其重要性不言而喻。稳定粮食播种面积和提高产量是保障国家粮食安全和社会稳定的硬任务。近年来，极端气候条件和病虫害频繁等对粮食生产影响较大。面对复杂严峻的生产形势，农业农村主管部门对精准、全面和及时的农业生产信息的需求越发迫切，急需采用天空地一体化的现代信息技术，获取病虫害监测预测信息，不断提高信息获取的范围、精度、频率和时效，确保决策的科学有效。这是提升农业生产管理水平、推进农业信息化、实现农业智能化发展的必由之路。同时，市县农业生产决策部门也急需精准作物病虫害测报农情信息，用于指导作物种植结构调整，降低农业灾害损失，提高农民收益，服务于农业高质量发展和乡村振兴。

本章概述了病虫害对全球粮食安全、农业生产效率及生态环境的威胁，突出传统监测手段（如人工巡查、实验室分析）的局限性（成本高、时效性差、覆盖面有限）。介绍了遥感技术（卫星、无人机、地面传感器）在农业领域的革命性作用，强调其在病虫害监测中的非接触性、大范围动态监测优势。本章聚焦于遥感技术在病虫害监测中的理论方法与实践案例，提出以小麦条锈病为典型研究对象，构建"数据获取—模型应用—监测预警系统"的研究体系。

第一节 背景与意义

全球每年因病虫害造成的粮食损失可高达20%~40%。气候变化显著改变了病虫害的传播规律。联合国粮食及农业组织（FAO）数据显示，1980—2020年全球农业病虫害发生频率增加1.8倍，其中小麦条锈病在高纬度地区的扩散速度达到每年30~50km。与此同时，化学农药的过度使用导致30%以上的害虫产生抗药性，并引发土壤酸化、生物多样性下降等生态问题。精准农业亟须实时、动态的监测技术,以实现"按需施药"和"靶向防控"。以山东小麦条锈病为例,流行年份通常会造成小麦减产 30%~40%,特大年份减产 50% 以上甚至绝收,严重威胁粮食安全。数据显示,2020 年山东小麦条锈病见病面积总计 348.15 万亩;2021 年山东小麦条锈病见病面积总计 851.64 万亩,发生范围覆盖全省 16 地市。2021 年山东各级农业农村部门针对小麦条锈病大面积发生,累计投入防治资金 6.07 亿元。

传统监测手段依赖人工田间巡查和实验室分析,存在成本高、时效性差、覆盖面有限等问题。例如,中国黄淮海麦区在小麦生长季需要动员数万名农技人员逐田排查,但仍难以实现早期预警。遥感技术通过卫星、无人机和地面传感器的多平台协同,可突破传统监测的时空限制。高光谱成像能够捕捉植被叶片的细微光谱变化,热红外遥感可识别作物冠层温度异常,雷达遥感则具备穿透云层和夜间监测能力。2017 年欧洲航天局(ESA)利用 Sentinel-2 卫星数据,成功在法国葡萄园提前 14 天预警霜霉病,验证了遥感技术的实用价值。

本章聚焦遥感技术在病虫害监测中的创新技术,以小麦条锈病为典型案例,构建"数据获取—模型应用—监测预警系统"的技术体系。通过解析多源遥感数据的融合方法、机器学习模型的设计逻辑,以及预警系统的落地应用,为智慧农业提供可复制的解决方案。

第二节 国内外研究现状

一、国外研究现状

遥感等信息技术的快速发展为病虫害监测预警提供了一种新方法。与传统的基于病害孢子捕捉器和虫害诱捕器等为主的病虫害测报方法相比,遥感提高了空间和时间分辨率,对于实现农业可持续发展极为重要。国际上,用于作物病虫害监测的遥感系统包括可见-近红外光学系统、荧光和热红外系统、合成孔径雷达和激光雷达系统,在叶片、冠层、田块和区域等不同尺度上展开监测,其中叶片和冠层尺度主要是基于对照实验解析作物病虫害遥感响应机理并提取病虫害敏感遥感特征;小区和区域的研究则主要是基于航空飞机、无人机及高时空分辨率卫星遥感系统，结合GPS和GIS技术开展病虫害监测与为害制图。作物病虫害遥感监测的重点主要是构建和确定多种用于反映作物病虫害引起的症状或描述其生境状况的多种遥感特征，主要包括植被指数、小波特征等光谱特征、荧光特征、热红外特征、基于图像的纹理特征和景观特征。实际监测中受不同病虫害损害机制差异的影响，通常需要对以上遥感特征进行敏感性评估以保证有效监测。为了适当地使用从不同类型遥感数据中提取的遥感特征监测病虫害，统计判别分析、回归模型、光谱分解算法、机器学习等多种算法或其组合被用于特定病虫害精测、多种病虫害区分及病虫害严重度监测（表8-1）。

表 8-1 国外作物病虫害监测现状

类型	现状
监测尺度	以田块尺度、农场尺度为主
数据源	无人机多光谱、高光谱、多光谱卫星（Sentinel-2、WorldView-2、Quickbird、RapidEye）
空间分辨率	无人机飞行高度不等，空间分辨率厘米级；卫星空间分辨率2~10m
监测时段	以针对病虫害发生后期或某一关键时刻的单一时期监测为主
监测方法	以机器学习算法、深度学习为主

作物病虫害预测和进程模拟主要集中在：建立包括气象数据、遥感数据或两种数据结合的数据模型预测作物病害；通过改进机器学习的结构以在点上或实验室规模上进行合理的简化或假设来表征病害感染过程；结合气象数据、简单的寄主种群增长模型和简单的寄主生理衰老模型等，通过与GIS系统耦合的机器学习模型进行病害区域模拟。近十年来病害预测所用数据来源包括气象站、现场传感器、农户田间调查、卫星遥感影像、无人机载相机或多光谱和高光谱图像，以及在线网络服务；预测模型主要分为基于天气数据的预测模型、基于图像处理的预测模型和基于各种异构来源的不同类型数据的预测模型；回归模型、人工神经网络、支向量机、卷积神经网络是最常用的建模技术。对于重大迁飞性害虫，通常是通过地理空间映射其所处区域的生境适宜性来反映环境维持生物繁殖、生长和发展的潜在能力。用于虫害生境适宜性分析主

要是通过从物种数据和环境数据推导出物种栖息地适宜性和环境之间的关系,可量化生境对物种的适宜程度,从而了解物种潜在时空分布情况。当前的虫害生境适宜性研究的趋势正逐渐从单一的气象观测深入到适宜虫害发生流行的景观、生境机制的遥感探测,模型的适用范围从区域的实验环境发展到综合考虑不同寄主和生境结合的实际场景,通过遥感监测寄主和生境因子的动态变化,从而实现时空高精度的生境适宜性分析。对于虫害的潜在分布、迁飞过程等通常是通过 MaxEnt 模型以及 HYSPLIT 模型和 WRF 模式等结合寄主作物生长和昆虫发育模型的方式进行模拟预测(表 8-2)。

表 8-2 国外作物病虫害预测现状

类型	现状
预测尺度	区域尺度、国家尺度、洲际/全球尺度
数据源	Modis 卫星+气象数据,以气象数据为主,SMAP 气象数据
空间分辨率	空间分辨率 250m、空间分辨率 10km、空间分辨率 9km
预测时间	逐月,提前 7 天,每周
预测方法	数据挖掘算法、大气扩散模式、生物学模型+昆虫轨迹分析模型
预测精度	以基于站点信息的以点带面的大范围趋势预测为主

此外,一些病虫害系统被开发用于病虫害的业务化监测预警。如英国剑桥大学联合英国和埃塞俄比亚多个组织开发了埃塞俄比亚小麦锈病的预警系统。系统集成了现场和手机监控数据、孢子传播和疾病环境适宜性预测,以及与政策制定者、顾问和小农的沟通,涉及埃塞俄比亚小麦季节期间两大洲之间的每日自动数据流。同时该系统利用生物学、农学、气象学、计算机科学和电信等跨学科领域的专业知识和环境研究基础设施。系统每两周制作一次小麦锈病咨询报告,整合来自实地调查和预测模型的疾病情报,以对埃塞俄比亚所有小麦种植区进行风险评估,向相关部门提供了及时可行的建议。此外,美国俄勒冈州 IPM 中心开发了一个由天气和气候数据驱动的决策支持网站,用于虫害管理和相关农业需求。该系统已经发展成一个包含模型、天气网格和高级功能的复杂系统,截至 2017 年 6 月,已有 140 多种害虫害和作物模型由来自美国数百个气象网络的 29 000 多个实时气象站集成(表 8-3)。

表8-3　小麦锈病、玉米草地贪夜蛾、花生叶斑病国外主要监测机构

病虫害类型	机构名称	主要研究内容
小麦条锈病	美国华盛顿州立大学	美国小麦条锈病潜在越冬越夏区模拟
	英国剑桥大学	综合了现场和手机监控数据，研发了埃塞俄比亚小麦条锈病预警系统
	比利时列日大学	开发基于阈值的天气模型来预测小麦条锈病
	德国波茨坦莱布尼茨农业工程与生物经济研究所	综合相机、无人机和拖拉机开展早期检测及田间精细监测
草地贪夜蛾	美国农业部	使用HYSPLIT模型，结合玉米生长和昆虫发育模型模拟草地贪夜蛾迁飞路径
	印度ICAR	使用Maxent模型模拟草地贪夜蛾当前及未来气候下在全球的潜在分布
花生叶斑病	美国佐治亚大学	基于WRF模式预测早期花生叶斑病
	埃及伊斯梅利亚苏伊士运河大学	光谱和热成像检测早期花生叶斑病

二、国内研究现状

我国对农作物病虫害发生的种类、范围和发生程度的监测与预测，长期以来一直依靠植保人员进行田间病原和病情实地调查。这种方法囿于自身，一般适用于小区域调查，无法对较大空间尺度上的胁迫信息进行实时、动态的监测，降低了预测能力。随着遥感技术的快速发展，现代农业需要结合更多的领先技术，实时动态地监测大区域范围的农作物生长发育状况，区分不同病虫害胁迫类型，并识别单一病虫害的发生。目前针对多类型的识别主要处于通过近地实测高光谱和成像高光谱数据进行光谱特征响应机制的基础研究，还无法满足空间大区域的快速识别，且缺乏对多胁迫敏感特征的对比分析，无法建立病害专一性光谱特征库。作物病虫害监测主要是利用近地高光谱非成像、成像数据通过光谱分析对单一胁迫的机理进行基础研究，筛选出不同作物病虫害类型的光谱敏感波段，并在此基础上进行波段间的组合和变换构建植被指数、提取小波特征等光谱特征及影像纹理特征和田间生境特征构建监测模型（表8-4）。

表 8-4　国内作物病虫害监测现状

类型	现状
监测尺度	以田块尺度、区域/县域尺度为主
数据源	无人机多光谱、高光谱、多光谱卫星（GF-1/2、Sentinel-2、Landsat 8、Planet、SPOT-6）
空间分辨率	无人机飞行高度不等，空间分辨率厘米级；卫星空间分辨率4~30m
监测时段	以针对病虫害发生后期或某一关键时刻的单一时期监测为主
监测方法	以机器学习算法、深度学习为主

我国植保工作的长期农业实践活动总结出"预防为主，综合防治"的工作方针，其中"预防为主"就要求在实际农业生产中变被动为主动，抓好作物病虫害预测预警。当前大量研究主要是通过对病虫害发生初期的温度、降水、相对湿度、日照时数等站点气象数据，南方涛动指数、海温、厄尔尼诺事件和西太平洋副热带高压等大尺度气候背景因子，以及作物品种和种植习惯等信息进行分析，并将其和植保实地调查数据结合起来构建系列预测模型和方法。由于气象和植保数据为点状调查，通常只适用于大尺度趋势性预测，而遥感数据可以获得连续的地表信息，因此当前研究开始利用遥感数据对不同作物病虫害进行研究。考虑到气象站点数据具有单点准确客观和遥感数据空间连续等优点，更多的研究者开始结合遥感数据和气象数据对大范围的作物病虫害进行预测（表8-5）。

表 8-5　国内作物病虫害预测现状

类型	现状
预测尺度	区域、省域、中国全境
数据源	多光谱卫星（Sentinel-2、Landsat 8 等）+地面调查数据，Modis 产品+温度降水数据，气象数据+地面观测站数据
空间分辨率	空间分辨率10~30m，空间分辨率250m，点状/空间插值分析
预测时间	中短期预测，双周报/1~3个月
预测方法	数据挖掘算法、决策树分类算法、实况展示、插值分析、迁飞路径推演
预测精度	以基于站点信息的以点带面的大范围趋势预测为主

为提高农作物病虫害监测预警能力，全国农业技术推广服务中心基于Web研究开发了覆盖水稻、小麦、玉米、棉花、马铃薯、油菜6种作物病

虫害及蝗虫、黏虫、草地螟等重大病虫害数字化监测预警系统，开展病虫监测数据填报、管理和统计分析，以及基于 WebGIS 的农作物重大病虫害监测预警、情报信息发布等功能，并在全国 31 个省（区、市）及 1 100 多个病虫测报区域站推广应用，对提高我国农作物重大病虫害监测预警能力发挥了重要作用。该预警系统实现了从数据信息输入、分析、输出全过程，明显提高了病虫测报数据上报、传递、处理和展示的信息化水平，但病虫害监测预警结果多以点状数据或者点状数据插值结果呈现，时空尺度仍然较为粗放，只能提供病虫害大范围趋势性预警（表 8-6）。

表 8-6 小麦锈病、玉米草地贪夜蛾、花生叶斑病监测预警国内主要研究机构

病虫害类型	机构名称	主要研究内容
小麦条锈病	中国科学院空天信息创新研究院、山东省农业科学院	构建了作物病虫害遥感监测、预测、损失评估技术体系，研发了业务化运行的大尺度作物病虫害遥感监测和预测预报系统
	中国农业科学院	现代分子生物学技术监测病原菌新小种，分子诊断、检测技术体系
	西北农林科技大学	系统研究了小麦条锈病菌致病机理、致病性变异机制和小麦的抗病机制
	中国农业大学	小麦条锈病流行与测报，越冬、越夏及流行为害区划
	全国农业技术推广服务中心	建立了行之有效的小麦条锈病监测预报技术模式和信息报送制度
草地贪夜蛾	南京农业大学	运用 HYSPLIT 模型、WRF 模式模拟草地贪夜蛾虫源、迁飞路径等
	中国农业科学院	系统开展草地贪夜蛾的迁飞规律、灾变机制、监测预警与控制技术研究
花生叶斑病	华南农业大学、山东省农业科学院	基于冠层高光谱数据检测花生叶斑病；基于手机照片采用机器学习方法和深度学习模型识别花生病害

第三节 主要研究方向

本章聚焦我国粮食主产区，面向农业种植绿色防控对病虫害精准监测及区域尺度病虫害提早预警的需求，针对作物病虫害高光谱遥感监测与区域提早预警应用的关键科学问题，拟开展以下研究工作。

一、作物病虫害时空域-光谱域特征光谱数据库

基于粮食主产区主要病虫害常发和重发区域的农业生态区划、地理和气象条件、菌源地空间分布、灾害历史和现势数据、星地综合观测，开展多场景的具有针对性的作物关键生育期病虫害敏感光谱波段、植被指数、小波特征、纹理特征等遥感图谱特征提取，构建病虫害时空域-光谱域特征光谱数据库，为不同区域、不同尺度、不同生育期、不同阶段、不同严重度下的作物病虫害遥感测报提供光谱特征信息。

二、基于高光谱遥感的作物病虫害分析识别

基于地面非成像高光谱数据及作物病虫害理化参量数据，采用ROSPECT-D模型、线性混合模型、图像纹理分析等数据分析方法，探究作物病虫害生理生化参数与病虫害发病机理的光谱响应及纹理变化，实现作物病虫害的图谱变化机制的定量化表达。结合作物关键生育期病虫害不同发病阶段的特点，应用深度神经网络等人工智能技术，构建作物病虫害识别模型，实现作物关键生育期不同阶段病虫害信息的精准识别。

三、多源数据融合的区域尺度作物病虫害预警技术

综合考虑作物关键生育期、种植密度、营养状况以及病虫害生物学特性等因素，融合气象、植保、遥感等多源数据，耦合病虫害发生发展过程方程和人工智能技术，发展基于多源数据融合的作物病虫害预测方法，实现区域尺度作物病虫害的提早预警。

四、作物病虫害监测预警服务系统集成与应用

结合天基、空基、地基多源数据，多通道多尺度获取作物病虫害发病信息和生境信息，对作物主产区病虫害的发生发展进行早期监测预警。将作物病虫害监测预警关键技术关攻关的模型、技术和软件模块等进行集成和工程化软件设计开发，集成基于空天地一体化的作物病虫害智能监测预警系统，研制面向特定用户的软件服务系统，实现远程数据显示和多源数据共享，便于示范推广。

第四节 小麦条锈病遥感监测预警研究

本节主要介绍针对小麦条锈病的为害和流行趋势，利用无人机高光谱遥感技术，实现无人机遥感在小麦条锈病监测及评估上的应用，详细介绍无人机高光谱遥感监测小麦条锈病的技术流程和方法，为相关病害监测识别研究提供参考和启示。

一、背景与意义

小麦条锈病是我国小麦主产区的主要病害之一。数据显示，1950—2008年全国小麦条锈病年均发生面积约6 000万亩。防控小麦条锈病的关键是在染病初期，符合预防为主、综合治理的植保方针政策。小麦条锈病菌的侵染过程分为4个阶段：接触期、侵入期、潜伏期和发病期。值得注意的是，染病初期的9~12天，病原菌在小麦寄主体内吸取营养、蔓延和繁殖，但很难通过肉眼观察到病症；一旦环境适宜，病害则进入发病期，形成明显的孢子病斑，并从点向面迅速扩散蔓延，暴发大面积流行，典型的"先发病，后防治"的被动、滞后模式。

小麦条锈病的传播途径：一是通过风沙传播；二是通过空气传播。传播途径与发病规律：小麦条锈病菌怕热喜冷，夏季一般在甘肃陇东陇南、青海东部、四川西北部等地越夏；冬季在四川，云南，湖北，河南信阳，陕西关中、安康等地越冬；小麦返青以后，夏孢子开始逐步向黄淮海区域扩散。

传统的小麦条锈病监测模式主要是人工和地面站捕捉。依赖于经验的人工目测手查测报方式，费工费时，效率很低；缺乏适用于大田环境的实时动态、标准统一的检测手段和技术产品；小麦条锈病的预测多是基于数理统计模型，以积年累月的病害数据和气象数据为基础分析建模，影响因素繁多，表现出高度的非线性和多时间尺度特性，存在预测准确率低、预测效果不稳定等问题。

高光谱遥感技术把可见光图像和近红外波段光谱相结合，凸显染病小麦叶片结构和成分的变化引起的光谱特征改变，尤其是染病初期，使得小麦条锈病快速、高效、准确、非接触式监测成为可能。开展基于高光谱遥感技术的小麦条锈病监测研究，通过早期发现为精准防控留足时间，从而解决全面、无差别、盲目喷施化学农药带来的农药残留和环境污染的难题，对掌握小麦条锈病发生发展特点、病害鉴别及为害程度、防治效果等方面有重要的支撑作用，对保障粮食安全、提高农作物产量和品质、减少农业经济损失具有重要意义。

二、试验与材料

1. 室内控制试验

对于小麦条锈病的监测，外界环境因子（土壤覆盖度、冠层的集合结构及大气条件等）对光谱的影响很大，所以植物的冠层反射率特征随时空变化很大。不同条件下建立的监测模型并不能完全适应于建模以外的时空条件，从而影响遥感监测小麦条锈病的准确性。因此要实现低空无人机条件下监测小麦条锈病，首先要明确条锈病的光谱特征，找到敏感波段，从而达到建模、监测的目的。

叶片是植被的主要组成部分，其对冠层整体的光谱贡献比例很大，条锈病害对小麦的影响主要表现在小麦叶片上，在叶片尺度解析受条锈胁迫的小麦叶片光谱特征，可以不受外界环境因子的影响，能够了解真实的光谱特征。因此为避免小麦冠层条件下复杂环境因子带来的干扰，设计了小麦条锈病室内控制实验，从小麦叶片尺度入手，对小麦条锈病光谱特征进行定性和定量分析，建立叶片尺度小麦条锈病光谱数据库。开展小麦条锈病室内控制试验，对小麦进行春化处理，在温室大棚开展小麦全生育期种植试验，小麦全生育期控制在4个月以内，在关键生育期对小麦进行人工染病处理，模拟大田环境下病害胁迫。图8-1为小麦条锈病室内控制实验情况。

图 8-1　小麦条锈病室内控制试验

选取 5 份室内培育小麦作为测量样本，其中 3 份小麦条锈病的感染程度分别为 10%、30%、50%，另两份为未染病正常生长的小麦样本。所用光谱测量仪器为地物波谱仪 FieldSpec 4（美国 ASD 公司），其波段范围是 350~2 500nm，光谱分辨率 3nm/8nm，采样间隔（波段宽）为 1.4nm（350~1 000nm）/1.1nm（1 001~2 500nm），测量速度固定扫描时间为 3s，裸光纤 25°前视场角。

要求选取晴朗且无云、风力较小的天气，于每日 10—14 时进行光谱采集。测量人员身着深色衣服，阴影不能落在视场范围内，探头垂直向下。根据小麦样本大小，确定每个样本采集 4 个采样点，每个采样点在视场范围内重复 5 次取平均，取采样点的平均值作为样本光谱反射率，各小区测量前后均用标准的参考板进行校正。利用光谱仪分别测量染病程度为 10%、30%、50% 的小麦冠层光谱信息，以及正常生长的小麦冠层光谱信息，分别将不同程度染病小麦冠层光谱和正常生长小麦冠层光谱取平均，结果对比如图 8-2 所示。

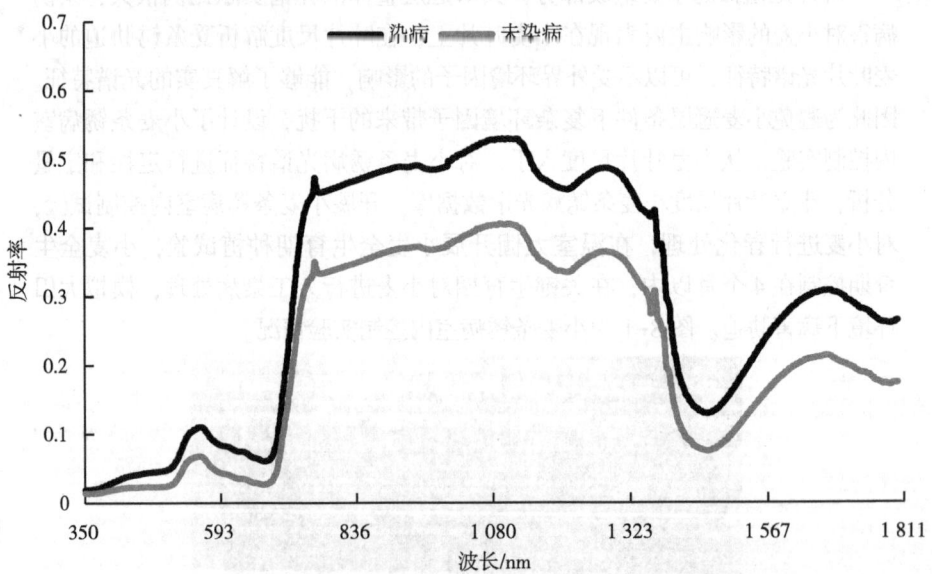

图 8-2　正常小麦和感染条锈病小麦冠层光谱对比

条锈病会导致小麦叶片出现失绿、失水及孢子粉堆积等现象。可以看出，小麦被条锈病侵染后，在可见光和近红外波段范围内，染病小麦冠层光谱和未染病小麦冠层光谱存在明显差异。

随着条锈病感染程度的变化，小麦冠层各波段的光谱反射率都会有所变化。为了弄清小麦染病后其冠层光谱特征变化，对不同程度的条锈病小麦冠层光谱和正常小麦冠层光谱特征进行了对比，如图 8-3 所示。可以看出，小麦受侵染条锈病后，在 400~650nm、800~1 300nm 和 1 450~1 800nm 波段范围内，光谱曲线变化较为明显。其中在可见光 400~650nm 和近红外 1 450~1 800nm 这两个波段范围内，随着染病程度的增大，光谱反射率呈上升趋势，即与染病程度呈正相关关系。

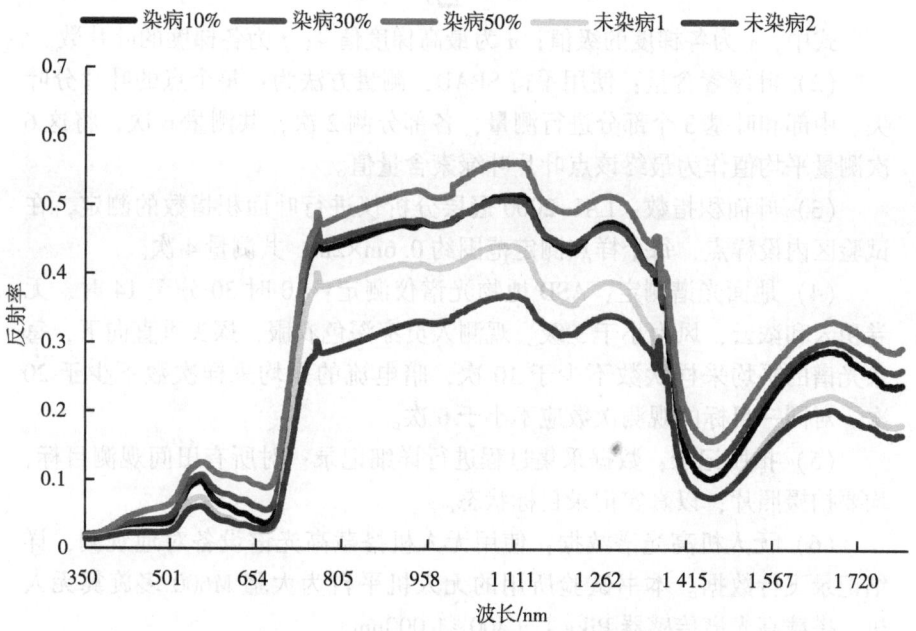

图 8-3 不同程度的条锈病小麦冠层光谱

小麦受条锈病侵染后最明显的特征是叶片褪绿、变黄。从光谱曲线上看，病害初期的特征比较明显，如图 8-2 所示。在可见光 550~600nm 黄光区，染病小麦的光谱曲线明显要比未染病的高，这是我们看到条锈病发病后小麦叶片变黄的原因。叶片尺度光谱分析表明，在理论上可以通过黄光区的异常对条锈病进行相关诊断，从而达到及时发现小麦条锈病的目的。

2. 野外数据采集

首先制订野外数据采集方案,野外数据采集主要包括以下几个方面。

(1) 病害指数测定:调查面积约 $1m^2$。病情调查每点选取 10 株小麦,分别调查发病情况,将严重度分为 4 个梯度,即 0、30%、60%、100%,分别记录各严重度的小麦叶片数。病情指数(DI)通过公式(8-1)计算得出。

$$DI = \frac{\sum(x \times f)}{n \times \sum f} \times 100 \qquad (8-1)$$

式中,x 为各梯度的级值;n 为最高梯度值 4;f 为各梯度的叶片数。

(2) 叶绿素含量:使用手持 SPAD,测量方法为:每个点的叶片分叶尖、中部和叶基 3 个部分进行测量,各部分测 2 次,共测量 6 次,将这 6 次测量平均值作为最终该点叶片叶绿素含量值。

(3) 叶面积指数:LAI-2000 冠层分析仪进行叶面积指数的测定,在试验区内设样点,每个样点测定范围约 0.6m×2m,共测量 4 次。

(4) 地面光谱测定:ASD 地物光谱仪测定:10 时 30 分至 14 时,无卷积云和浓云,风力小于 3 级。观测人员穿深色衣服,探头垂直向下,每条光谱的平均采样次数不少于 10 次,暗电流的平均采样次数不少于 20 次。对同一目标的观测次数应不小于 6 次。

(5) 拍照记录:数据采集过程进行详细记录;对所有田间观测目标,均要拍摄照片,以真实记录目标状态。

(6) 无人机高光谱数据:使用无人机搭载高光谱设备对地观测,详细记录飞行数据。本书试验所用的无人机平台为大疆 M600 多旋翼无人机,搭载高光谱传感器 Pika L(400~1 000nm)。

在小麦关键生育期,根据天气及试验地病菌侵染情况,分别于开展多期数据采集工作。小麦条锈病在野外大田中病害一般呈点状分布,呈现典型条锈病症状,病害中心先发生随后向四周扩散,图 8-4 为试验区域无人机可见光正射图像。

三、无人机高光谱遥感监测

根据病害和健康小麦的光谱特征,结合无人机高光谱遥感影像特征,找寻比较有效、可行的数据处理和分析方法是无人机高光谱遥感成

图 8-4 大田数据采集区域无人机可见光正射图

功监测小麦条锈病的关键。借鉴前人研究经验，选取基于敏感波段的无人机高光谱遥感监测方法。利用 ASD 地面非成像光谱仪对小麦条锈病不同严重程度的冠层光谱反射率进行测定，同时调查病情指数。通过对地面实测的病情指数与相应的光谱反射率进行相关性分析，筛选出小麦条锈病的敏感波段。结合无人机高光谱遥感图像的数据特点，建立无人机高光谱监测小麦条锈病的模型，并在无人机高光谱影像（PHI）上进行反演。

1. 小麦条锈病冠层敏感波段

通过对地面实测的 9 组病情指数与相应的光谱反射率进行相关分析，如图 8-5 所示，可以发现，400~600nm 和 700~890nm 与病情指数呈现显著相关，可以认定位于 400~600nm 和 700~890nm 波段范围为小麦条锈病的敏感波段。

2. PHI 影像波段初步分析

由于噪声的影响，PHI 波段中存在一些无效的异常波段。根据小麦冠层光谱特征的一般规律，对多个时相的图像反射率进行反复对比和验证后

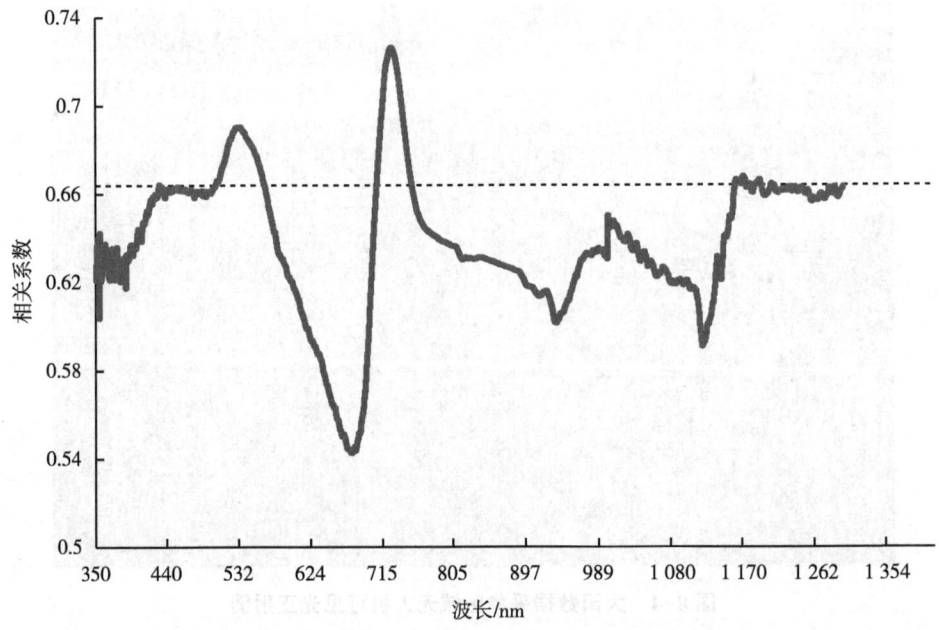

图 8-5 病害指数与冠层光谱反射率的相关系数

发现 405~500nm、805~850nm 范围内都是异常波段，无法有效利用。最终筛选出 PHI 影像数据有效波段为 500~805nm。

3. 敏感波段平均反射率诊断模型的建立

由前人研究可知，小麦条锈病在 PHI 图像上的光谱特征具有如下规律。

（1）如图 8-6 所示，在红光波段（620~760nm）范围内，条锈病小麦冠层光谱反射率都高于正常小麦冠层光谱反射率。

（2）如图 8-6 所示，在近红外波段，条锈病破坏了叶片组织结构和水分含量，条锈病害的冠层反射率小于正常小麦冠层反射率。

综合以上规律，考虑小麦条锈病冠层敏感波段和无人机高光谱遥感数据特点，最终选定红光 620~718nm 和近红外波段 780~805nm 为无人机高光谱遥感监测小麦条锈病的敏感波段。传统的方法是选取敏感波段中的某些波段进行单波段的组合病情指数建立病害诊断模型，但无人机遥感影像由于受噪声等影响可能会造成敏感波段中某些波段的反射率异常，用单波

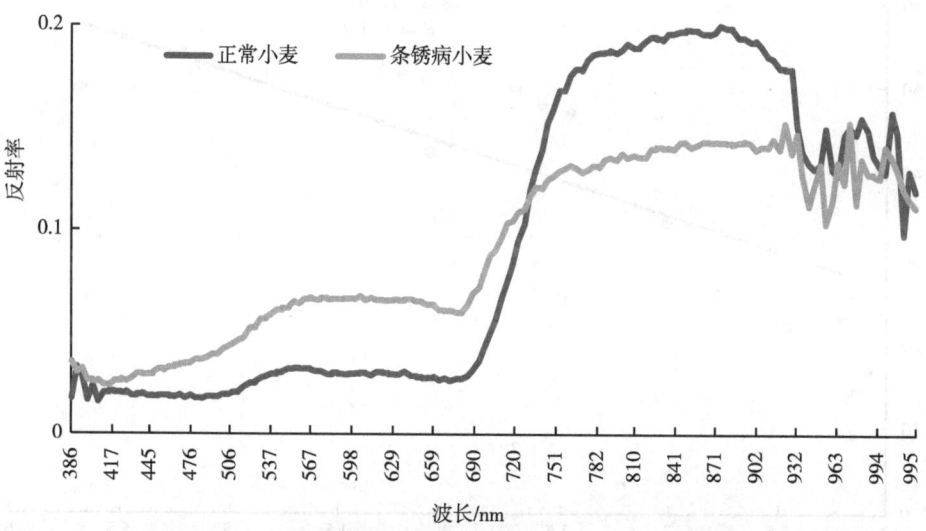

图 8-6　正常小麦与条锈病小麦 PHI 影像典型光谱分析

段的组合来构建反演模型很可能无法准确将病害信息表现到影像上，因此初步选择用小麦条锈病的红光波段敏感区域中的平均光谱反射率和近红外波段敏感区的平均光谱反射率为自变量，以相应的病情指数为因变量建立反演模型。

对小麦条锈病的敏感波段中的红光波段 620~718nm 的平均反射率与病情指数进行相关性分析（需要保证样本数量），如图 8-7 所示。

对小麦条锈病的敏感波段中的近红外波段 780~805nm 的平均反射率与病情指数进行相关性分析，如图 8-8 所示。

由以上可以看出，红光波段 620~718nm 的平均反射率与病情指数呈现显著正相关关系，决定系数为 0.631 9；近红外波段 780~805nm 的平均反射率与病情指数呈现显著负相关关系，决定系数为 0.435 4，可以认定，620~718nm、780~805nm 波段区间是能反映小麦病情的波段，可以作为基于光谱反射率的小麦条锈病敏感波段与病情指数建立监测模型。

以红光波段 620~718nm 的平均光谱反射率（x_1）和近红外 780~805nm 波段的平均光谱反射率（x_2）为自变量，病情指数（y）为因变量，用地面实测数据进行回归，得到多元线性回归模型为：

$$y = 8.832\ 7 x_1 - 0.114\ 7 x_2 + 11.794\ 4 \qquad (8-2)$$

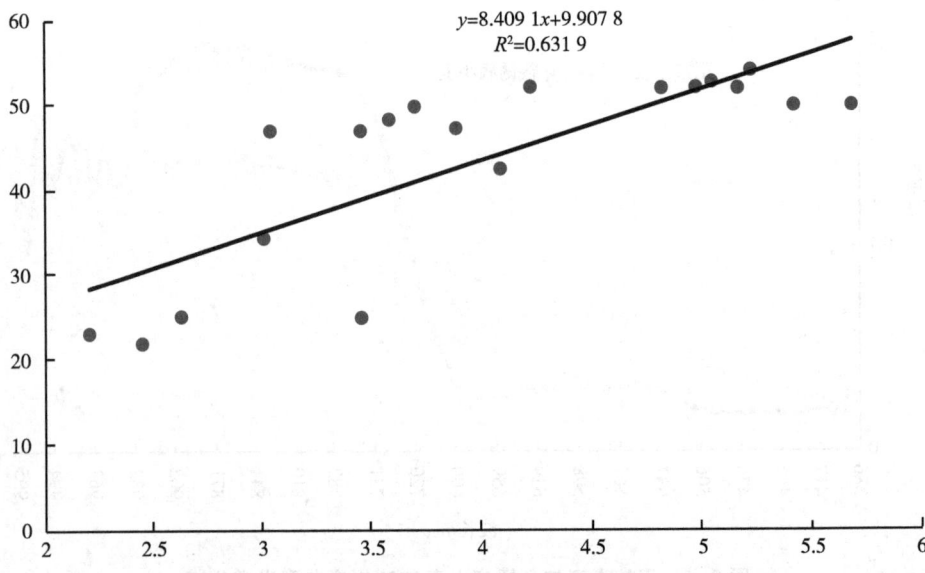

图8-7 620~718nm波段平均反射率与病情指数的相关关系

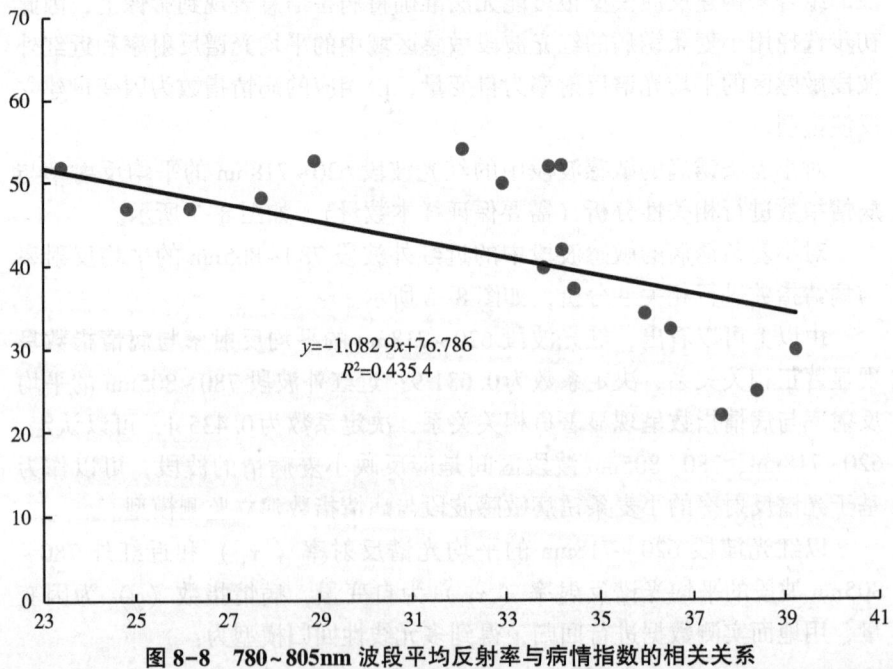

图8-8 780~805nm波段平均反射率与病情指数的相关关系

建立病情指数实测值与预测值之间的线性关系，如图 8-9 所示，其中决定系数为 0.634 1，说明该方程的拟合程度较好，可以用于监测小麦条锈病模型建立。

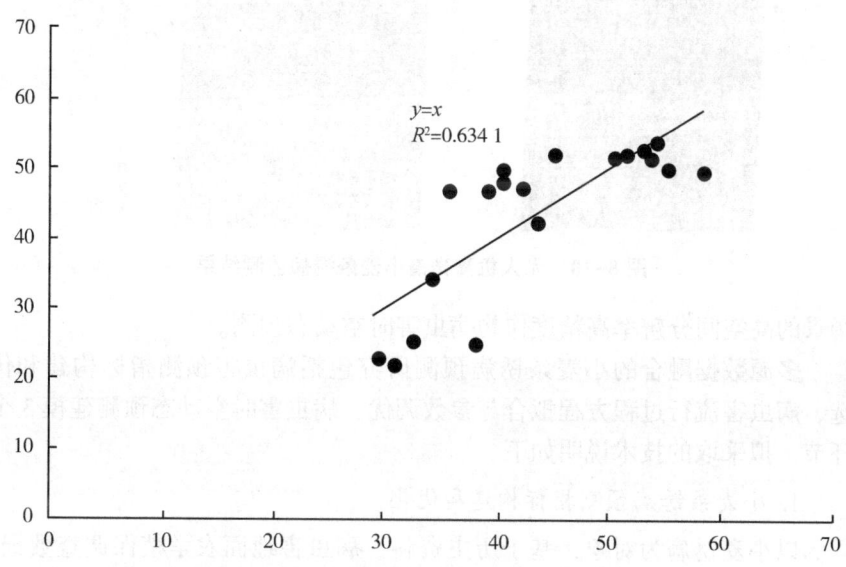

图 8-9　病情指数实测值与预测值之间的线性关系

4. 无人机高光谱小麦条锈病监测结果

基于以上方法，利用遥感处理软件在无人机高光谱图像上进行小麦条锈病病害程度反演，将病害分为严重、中等、健康，无人机高光谱小麦条锈病监测结果如图 8-10 所示。

四、多源数据融合的小麦条锈病预测研究

准确及时的农作物病虫害预测是保障农业病虫害环保防治的关键。综合考虑作物关键生育期、种植密度、营养状况以及病虫害生物学特性等因素，结合气象、植保、遥感等多源数据，耦合病虫害发生发展过程方程和人工智能技术构建的高空间分辨率、高精度时空动态预测模型，并结合区域病虫害循环传播特性等优化更新病虫害预测模型参数，完成不同应用场景下的作物病虫害时空动态预测模型的本地化，最终实现适用于不同应用

图 8-10 无人机高光谱小麦条锈病监测结果

场景的高空间分辨率高精度作物病虫害时空动态预测。

多源数据融合的小麦条锈病预测研究包括病虫害预测指标构建和优选、病虫害流行过程方程拟合与参数调优、病虫害时空动态预测建模 3 个环节，拟采取的技术说明如下。

1. 小麦条锈病预测指标构建和优化

以小麦锈病为对象，基于历史资料、病虫害地面农学植保调查数据、地面无人机高光谱数据，时间序列逐日气象观测数据和数值预报产品，以及高分、Sentinel、Landsat 系列遥感数据融合后高空间分辨率时间序列卫星多光谱遥感影像数据等多源数据，实现作物病虫害时序预测指标构建和优选。

（1）基于多维时间序列的互相关分析方法、光谱和纹理分析技术，结合不同农田场景下获取的光谱和图谱观测、气象观测和数值预报产品数据，定量分析病虫害严重度及其随时间的变化与作物生长状况与农田生境时序变化之间的时空响应关系；利用特征构建与选择方法构建和优选适用于小麦关键生育期不同时期的反映长势及生境的综合光谱、纹理、气象信息的时序预测指标。

（2）针对考虑不同应用场景下地理与气象背景及播种差异，为消除其引起的作物物候期差异导致的作物长势差异对病虫为害导致小麦长势差异的干扰，利用综合遥感与气象提取的小麦物候期对长势指标进行物候修正；在此基础上结合归一化指标构建方法消除时序预测指标中上一时期病虫害导致长势差异对当前病虫害导致差异的影响，最终实现适用于不同应用场景下小麦条锈病时空动态预测的时序预测指标构建和优化。

2. 小麦条锈病流行过程方程拟合与参数调整

结合病害发生流行生物学机理，以及几何光学原理、辐射传输机理和小麦生长过程方程等实现病害流行过程拟合及其参数敏感性分析与调优。

（1）依据小麦条锈病的传播动力学机制和生物学特性，引入理查德函数 Richard、逻辑斯蒂函数 Logistic、龚帕兹函数 Gompertz 等拟合病害随时间的流行过程。

（2）结合时序预测指标初始值、自然对数函数及全局敏感性分析等方法对模型初始值、病害为害速率、病害流行曲线形状这三类参数进行设定与计算，并分析时序预测指标对小麦条锈病流行过程拟合结果的影响。

（3）引入斐波那契优化函数、非线性最小二乘等方法，基于时序预测指标和病虫害发生发展结果对小麦条锈病流行曲线形状参数进行优化设定，并进一步优化模型初始值和流行状态在病害流行过程方程中的输入和更新的数学表达形式。

3. 小麦条锈病时空动态预测建模

结合不同应用场景下农业生态区划、地理和气候条件、菌源地空间分布、病害历史和现势数据、星地综合观测等，实现适用于多场景下的小麦条锈病时空动态预测建模。

（1）引入时空联动的多层次时空图卷积神经网络 ML-GCN-LSTM 方法，基于地面、无人机、高空间分辨率遥感卫星影像数据提取的小麦条锈病遥感预测时序指标与优化后的病害流行过程模拟方程及其流行预测结果作为网络模型的数据来源，结合病害发生的生物学特性和流行迁飞扩散的传播动力学机制，训练并反馈调节神经网络模型参数和时序结果的关联参数，构建得到时序稳定的病害时空动态预测模型。

（2）结合区域小麦条锈病循环传播特性，基于模糊综合评判等方法研究各参数对局地病虫害发生发展影响的权重设置，动态分析局地病害生境适宜性；利用敏感性分析方法和基于地统计学的多维时间序列分析方法，实现和更新精细尺度下不同区域的病害预测模型的驱动因子取值范围和病害流行速率与曲线形状的参数本地化，最终实现适用于不同应用场景的小麦条锈病时空动态预测建模。

通过该技术的实施，能够及时快速高精度获取小麦条锈病发生风险状况，同时为时空精细病虫害精准绿色防控施药处方制图提供数据基础。

参考文献

陈万权，2013. 小麦重大病虫害综合防治技术体系 [J]. 植物保护，39（5）：16-24.

程志庆，张劲松，孟平，等，2017. 基于高光谱数据的杨树叶片干物质含量的估算 [J]. 中国农业气象，38（1）：52-60.

邓绶林，刘文彰，1992. 地学辞典 [M]. 石家庄：河北教育出版社.

段维纳，竞霞，刘良云，等，2022. 融合SIF和反射光谱的小麦条锈病遥感监测 [J]. 光谱学与光谱分析，42（3）：7.

冯雷，张德荣，陈双双，等，2012. 基于高光谱成像技术的茄子叶片灰霉病早期检测 [J]. 浙江大学学报（农业与生命科学版），38（3）：311-317.

郭伟，朱耀辉，王慧芳，等，2019. 基于无人机高光谱影像的冬小麦全蚀病监测模型研究 [J]. 农业机械学报，50（9）：162-169.

黄冲，姜玉英，李佩玲，等，2018. 2017年我国小麦条锈病流行特点及重发原因分析 [J]. 植物保护，44（2）：162-166，183.

黄文江，2015. 作物病虫害遥感监测与预测 [M]. 北京：科学出版社.

黄文江，张竞成，师越，等，2018. 作物病虫害遥感监测与预测研究进展 [J]. 南京信息工程大学学报（自然科学版），10（1）：30-43.

霍治国，李茂松，王丽，等，2012. 气候变暖对中国农作物病虫害的影响 [J]. 中国农业科学（10）：1926-1934.

蒋金豹，陈云浩，黄文江，2010. 用高光谱微分指数估测条锈病胁迫下小麦冠层叶绿素密度 [J]. 光谱学与光谱分析，30（8）：2243-2247.

兰玉彬，朱梓豪，邓小玲，等，2019. 基于无人机高光谱遥感的柑橘黄龙病植株的监测与分类 [J]. 农业工程学报，35（3）：92-100.

李卫国，2013. 农作物遥感监测方法与应用[M]. 第2版. 北京：中国农业科学技术出版社.

李振岐，1998. 我国小麦品种抗条锈性丧失原因及其控制策略 [J]. 大自然探索（4）：72-77.

李振岐，曾士迈，2002. 中国小麦锈病 [M]. 北京：中国农业出版社.

廖小罕，周成虎，2016. 轻小型无人机遥感发展报告 [M]. 北京：科学出版社.

刘占宇，黄敬峰，陶荣祥，等，2008. 基于主成分分析和径向基网络的水稻胡麻斑病严重度估测 [J]. 光谱学与光谱分析，28（9）：2156-2160.

马慧琴，黄文江，景元书，等，2016. 遥感与气象数据结合预测小麦灌浆期白粉病 [J]. 农业工程学报，32（9）：165-172.

马慧琴，黄文江，景元书，等，2017. 基于adaboost模型和mrmr算法的小麦白粉病遥感监测 [J]. 农业工程学报（5）：162-169.

马占鸿，2018. 中国小麦条锈病研究与防控 [J]. 植物保护学报，45（1）：1-6.

浦瑞良，宫鹏，2000. 高光谱遥感及其应用 [M]. 北京：高等教育出版社.

沈文颖，冯伟，李晓，等，2015. 基于叶片高光谱特征的小麦白粉病严重度估算模式 [J]. 麦类作物学报，35（1）：129-137.

田明璐，班松涛，常庆瑞，等，2017. 高光谱影像的苹果花叶病叶片花青素定量反演 [J]. 光谱学与光谱分析，37（10）：3187-3192.

童庆禧，2006. 高光谱遥感 [M]. 北京：高等教育出版社.

汪可宁，谢水仙，刘孝坤，等，1988. 我国小麦条锈病防治研究的进展 [J]. 中国农业科学，21（2）：1-8.

王凡，王超，冯美臣，等，2019. 基于高光谱的玉米大斑病害监测 [J]. 山西农业科学（6）：1065-1068.

王海光，马占鸿，王韬，等，2007. 高光谱在小麦条锈病严重度分级识别中的应用 [J]. 光谱学与光谱分析（9）：1811-1814.

许小峰，2014. 中国气象灾害年鉴 [M]. 北京：气象出版社.

袁琳，2015. 小麦病虫害多尺度遥感识别和区分方法研究 [D]. 杭州：浙江大学.

张德荣，方慧，何勇，2019. 可见/近红外光谱图像在作物病害检测

中的应用 [J]. 光谱学与光谱分析, 39 (6): 1748-1756.

张竞成, 2012. 多源遥感数据小麦病害信息提取方法研究 [D]. 杭州: 浙江大学.

张竞成, 袁琳, 王纪华, 等, 2012. 作物病虫害遥感监测研究进展 [J]. 农业工程学报, 28 (20): 1-11.

张庆, 2018. 基于成像高光谱数据的小麦白粉病诊断研究 [D]. 合肥: 安徽大学.

赵春江, 2014. 农业遥感研究与应用进展 [J]. 农业机械学报 (12): 277-293.

ABDULRIDHA J, AMPATZIDIS Y, KAKARLA S C, et al., 2019a. Detection of target spot and bacterial spot diseases in tomato using uav-based and benchtop-based hyperspectral imaging techniques [J]. Precision Agriculture, 21: 955-978.

ABDULRIDHA J, AMPATZIDIS Y, ROBERTS P, et al., 2020. Detecting powdery mildew disease in squash at different stages using uav-based hyperspectral imaging and artificial intelligence [J]. Biosystems Engineering, 197: 135-148.

ABDULRIDHA J, BATUMAN O, AMPATZIDIS Y, 2019b. Uav-based remote sensing technique to detect citrus canker disease utilizing hyperspectral imaging and machine learning [J]. Remote Sensingb, 11: 1373.

ASHOURLOO D, MOBASHERI M R, HUETE A, 2014. Developing two spectral disease indices for detection of wheat leaf rust (pucciniatriticina) [J]. Remote Sensing, 6: 4723-4740.

AZADBAKHT M, ASHOURLOO D, AGHIGHI H, et al., 2019. Wheat leaf rust detection at canopy scale under different lai levels using machine learning techniques [J]. Computers and Electronics in Agriculture, 156: 119-128.

BEDDOW J M, PARDEY P G, CHAI Y, et al., 2015. Research investment implications of shifts in the global geography of wheat stripe rust [J]. Nature Plants, 1: 1-5.

BRAVO C, MOSHOU D, WEST J, et al., 2003. Early disease detection in wheat fields using spectral reflectance [J]. Biosystems Engineering, 84: 137-145.

BROGE N H, LEBLANC E, 2001. Comparing prediction power and stability of broadband and hyperspectral vegetation indices for estimation of green leaf area index and canopy chlorophyll density [J]. Remote Sensing of Environment, 76: 156-172.

CALDERÓN R, NAVAS-CORTÉS J A, LUCENA C, et al., 2013. High-resolution airborne hyperspectral and thermal imagery for early detection of verticillium wilt of olive using fluorescence, temperature and narrow-band spectral indices [J]. Remote Sensing of Environment, 139: 231-245.

CAO J, LENG W, LIU K, et al., 2018. Object-based mangrove species classification using unmanned aerial vehicle hyperspectral images and digital surface models [J]. Remote Sensing, 10: 89.

CAO X, LUO Y, ZHOU Y, et al., 2013. Detection of powdery mildew in two winter wheat cultivars using canopy hyperspectral reflectance [J]. Crop Protection, 45: 124-131.

CHEN D, SHI Y, HUANG W, et al., 2018. Mapping wheat rust based on high spatial resolution satellite imagery [J]. Computers and Electronics in Agriculture, 152: 109-116.

CHEN T, ZHANG J, CHEN Y, et al., 2019. Detection of peanut leaf spots disease using canopy hyperspectral reflectance [J]. Computers and Electronics in Agriculture, 156: 677-683.

CHEN X, KANG Z, 2017. Stripe rust [C]. Springer.

CHUANLEI Z, SHANWEN Z, JUCHENG Y, et al., 2017. Apple leaf disease identification using genetic algorithm and correlation based feature selection method [J]. International Journal of Agricultural and Biological Engineering, 10: 74-83.

DENG X, ZHU Z, YANG J, et al., 2020. Detection of citrus huanglongbing based on multi-input neural network model of uav hyperspectral remote sensing [J]. Remote Sensing, 12: 2678.

DHAU I, ADAM E, MUTANGA O, et al., 2018. Detecting the severity of maize streak virus infestations in maize crop using in situ hyperspectral data [J]. Transactions of the Royal Society of South Africa, 73: 8-15.

FENG W, SHEN W, HE L, et al., 2016. Improved remote sensing detection of wheat powdery mildew using dual-green vegetation indices [J]. Precision Agriculture, 17 (5): 608-627.

FERNÁNDEZ C I, LEBLON B, HADDADI A, et al., 2020. Potato late blight detection at the leaf and canopy levels based in the red and red-edge spectral regions [J]. Remote Sensing, 12: 1292.

HARIHARAN J, AMPATZIDIS Y, ABDULRIDHA J, et al., 2023. An AI-based spectral data analysis process for recognizing unique plant biomarkers and disease features [J]. Computers and Electronics in Agriculture, 204: 107574. DOI: 10.1016/j.compag.2022.107574.

HUANG L, LIU Y, HUANG W, et al., 2022. Combining Random Forest and XGBoost Methods in Detecting Early and Mid-Term Winter Wheat Stripe Rust Using Canopy Level Hyperspectral Measurements [J]. Agriculture, 12: 74.

HUANG W, SHI Y, DONG Y, et al., 2019. Progress and prospects of crop diseases and pests monitoring by remote sensing [J]. Smart Agriculture, 1: 1.

KERKECH M, HAFIANE A, CANALS R, 2018. Deep leaning approach with colorimetric spaces and vegetation indices for vine diseases detection in uav images [J]. Computers and Electronics in Agriculture, 155: 237-243.

KERKECH M, HAFIANE A, CANALS R, 2020. Vine disease detection in uav multispectral images using optimized image registration and deep learning segmentation approach [J]. Computers and Electronics in Agriculture, 174: 105446. DOI: 10.1016/j.compag.2020.105446.

LIU L, DONG Y, HUANG W, et al., 2020. A disease index for efficiently detecting wheat fusarium head blight using sentinel-2 multispectral imagery [J]. IEEE Access, 8: 52181-52191.

LU J, ZHOU M, GAO Y, et al., 2018. Using hyperspectral imaging to discriminate yellow leaf curl disease in tomato leaves [J]. Precision Agriculture, 19: 379-394.

OERKE E-C, 2020. Remote sensing of diseases [J]. Annual Review of Phytopathology, 58: 225-252.

SINGH V, SHARMA N, SINGH S, 2020. A review of imaging techniques for plant disease detection [J]. Artificial Intelligence in Agriculture, 4: 229-242.

TETILA E C, MACHADO B B, BELETE N A, et al., 2017. Identification of soybean foliar diseases using unmanned aerial vehicle images [J]. IEEE Geoscience and Remote Sensing Letters, 14: 2190-2194.

WENJIANG HUANG, YUE SHI, YINGYING DONG, et al., 2019. Progress and prospects of crop diseases and pests monitoring by remote sensing [J]. Smart Agriculture, 1 (4): 1-11.

YE H, HUANG W, HUANG S, et al., 2020. Recognition of banana fusarium wilt based on uav remote sensing [J]. Remote Sensing, 12: 938.

YUAN L, BAO Z, ZHANG H, et al., 2017. Habitat monitoring to evaluate crop disease and pest distributions based on multi-source satellite remote sensing imagery [J]. Optik, 145: 66-73.

第九章 展 望

随着全球气候变化加剧和人口持续增长,农业遥感技术正在经历从单一监测向智能决策、从静态分析向动态预警的深刻变革。本章基于全书技术体系的梳理,从技术融合、方法创新和应用拓展3个维度,系统展望农业遥感技术未来5~10年的发展趋势,并提出亟须突破的关键科学问题与实施路径。

一、技术融合驱动监测能力跃升

1. 多源数据协同观测体系

未来将形成"卫星—无人机—地面物联"三位一体的立体观测网络。高轨卫星组网由多颗具备多光谱、高时间分辨率(1h重访)的卫星组成,可实现作物生育期关键参数的连续跟踪。无人机灵活补充,蜂群无人机技术突破后,单次任务可覆盖1 000hm²农田,搭载微型高光谱传感器和LiDAR,实现厘米级倒伏监测。物联网深度感知,土壤墒情传感器(精度±2%)、作物表型监测站(叶绿素含量检测误差<0.5μg/cm²)与遥感数据实时联动,构建天—空—地协同验证机制。

2. 人工智能技术深度渗透

深度学习将重构传统遥感分析范式,三维卷积神经网络(3D-CNN)可同时提取多时相、多波段、多极化特征。样本学习实现突破,基于元学习(Meta-Learning)的作物灾害识别模型,仅需要小样本即可达到传统方法高样本的精度水平。因果推理增强,结合知识图谱技术,建立"干旱胁迫—叶面温度—光合效率"的因果网络模型,提升灾害机理的可解释性。

3. 云计算与边缘计算协同

云端智能分析:Google Earth Engine已集成200+种农业遥感算法,支持PB级数据的在线分析,作物分类任务处理速度提升100倍。

边缘实时响应：田间智能终端（如华为 Atlas 200 AI 加速模块）可在 5s 内完成 1km^2 影像的病虫害识别，满足灾害应急响应需求。

区块链存证：通过智能合约实现监测数据确权，确保农业保险理赔、碳汇交易等应用场景的数据可信度。

二、方法创新突破技术瓶颈

1. 作物识别技术升级路径

融合微波遥感介电常数（Sentinel-1 VH/VV 极化）、热红外地表温度（Landsat TIRS）与光合有效辐射（PAR）参数，构建 10 维特征空间。有关试验表明，该方案可使芦笋与蔬菜大棚的区分精度从 82% 提升至 93%。

物候-光谱耦合模型：开发"双流网络"架构，并行处理时序 NDVI 曲线（时间流）和高光谱特征（光谱流），在东北玉米/大豆轮作区实现 95% 的分类准确率。

迁移学习跨区应用：建立作物解译知识库（包含全球 20 种主粮作物的 2 000 个解译标志），通过域自适应（Domain Adaptation）技术，将黄淮海小麦识别模型迁移至印度恒河平原的精度损失控制在 3% 以内。

2. 灾害监测方法革新方向

多灾种耦合分析：构建干旱—病虫害—倒伏的级联效应模型，利用系统动力学方法量化灾害链式反应。例如，2023 年河南暴雨灾损评估表明，该模型可提升经济损失预测精度 27%。

胁迫早期诊断：基于叶绿素荧光遥感（FLEX 卫星数据）和冠层水分胁迫指数（CWSI），实现干旱胁迫的 3 天超前预警。例如，在内蒙古马铃薯种植区试验中，灌溉决策效率提升 40%。

生物物理参数反演：发展 PROSAIL-DOSAIL 耦合模型，通过多角度偏振遥感（如高分五号 AHSI 数据）同步反演 LAI（均方根误差 0.32）、冠层含水量（$R^2=0.89$）和病害严重度指数。

3. 定量评估体系重构

数字孪生技术应用：建立县域尺度的农田数字孪生体，集成土壤—作物—大气连续体模型（SPAC），实现灾害影响的动态推演。

不确定性量化：采用蒙特卡洛-马尔可夫链（MCMC）方法，分析遥感反演参数的置信区间。例如，在东北水稻倒伏评估中，灾害面积估算的不确定性从±15%降低至±7%。

社会经济因子耦合：开发农业灾害韧性指数（ADRI），融合遥感监测数据（灾害强度）、基础设施数据（灌溉覆盖率）和农户调查数据（抗灾能力），形成多维评估矩阵。

三、应用生态体系拓展延伸

1. 服务国家重大战略

粮食安全预警：构建全球主要粮仓的遥感监测系统，通过 WOFOST 模型同化 L 波段雷达数据（土壤水分反演精度±5%），提前 6 个月预测产量波动。

碳汇精准计量：融合哨兵 5P 的 CO_2 浓度数据与作物生物量遥感估算值，开发农田碳汇智能核算平台，支撑农业碳中和战略实施。

跨境灾害联防：依托"一带一路"空间信息走廊，建立跨国界的蝗虫迁飞预警系统，利用风场数据和昆虫雷达回波特征，实现 2 000km 迁移路径的追踪。

2. 赋能智慧农业发展

精准作业导航：将高分辨率作物长势图导入农机自动驾驶系统，实现变量施肥的米级定位，减少化肥使用量 15%~20%。

农险智能定损：开发"遥感+无人机+地面巡检"的三级定损流程，利用语义分割技术自动识别倒伏区域，保险理赔周期从 15 天缩短至 72h。

供应链优化决策：通过多时相 NDVI 数据预测作物上市时间，结合物流大数据优化冷链运输路线，在粤港澳大湾区蔬菜保供中降低损耗率 12%。

3. 支撑科学前沿探索

表型组学研究：研发田间高通量表型采集车（包含 RGB-D 相机和激光雷达），每日可获取 10 万株作物的 3D 表型参数，加速抗旱基因筛选进程。

气候变化响应：基于时序卫星数据分析耕作制度演变，揭示作物气候变化证据。

外星农业试验：在月球/火星农业舱实验中，利用多光谱成像技术监测低重力环境下作物生理变化，为地外生命支持系统提供技术储备。

农业遥感技术正在经历从看见到洞见的质变跃迁。随着 6G 星地通信、量子传感、脑机接口等颠覆性技术的渗透，未来将形成"全域感知—智能诊断—自主决策"的农业监测新范式。建议加强学科交叉融合，推动产学研用协同创新，使遥感技术真正成为保障粮食安全、应对气候变化的战略利器，为全球农业可持续发展贡献中国智慧。